孟令玮 编著

成功

一定有心法

煤炭工业出版社

·北京·

图书在版编目（CIP）数据

成功，一定有心法/孟令玮编著．－－北京：煤炭
工业出版社，2019（2022.1 重印）

ISBN 978 - 7 - 5020 - 7345 - 9

Ⅰ.①成…　Ⅱ.①孟…　Ⅲ.①成功心理—通俗读物
Ⅳ.①B848.4 - 49

中国版本图书馆 CIP 数据核字（2019）第 054827 号

成功，一定有心法

编　　著	孟令玮
责任编辑	马明仁
编　　辑	郭浩亮
封面设计	浩　天

出版发行　煤炭工业出版社（北京市朝阳区芍药居 35 号　100029）
电　　话　010 - 84657898（总编室）　010 - 84657880（读者服务部）
网　　址　www. cciph. com. cn
印　　刷　三河市众誉天成印务有限公司
经　　销　全国新华书店

开　　本　880mm×1230mm$\frac{1}{32}$　印张　$7\frac{1}{2}$　字数　150 千字
版　　次　2019 年 7 月第 1 版　2022 年 1 月第 3 次印刷
社内编号　20192460　　　　　定价　38.80 元

版权所有　违者必究

本书如有缺页、倒页、脱页等质量问题，本社负责调换，电话:010 - 84657880

前　言

　　人人都想成为胜者，于是企业家、商人、政治家以及各类名人的成功经验，其生活、学习、经营等方面的指导书籍备受欢迎。人们从成功者身上得到一些启发，受到鼓励，能够促进个人发展。但它们没有告诉你如何解决你的难题，如何适应变化，如何实施一个好的设想。简单地照搬他人的经验，只能使你跟在人家后面。因为当你匆忙地学习了他人的做法时，你的竞争者早已改变和创新自己的经验了。

　　时代在发展，环境在变化，每个人都时时面对各种各样的难题，如攻关课题，企业管理，商业竞争，学生考试，家长教育，家庭稳定，人际关系调整，求职或调动，等等数不清、甩不开的难题。

为什么别人会成功而春风得意，你却总失败而感到不幸呢？因为你没有掌握一种好的成功方法，没有一种好的方法可以帮你解决这些问题。本书会教给你一种思考和行动的技能，这就是成功心法。掌握了成功心法的诀窍，很多问题就能迎刃而解，你就能不断超越自我，成为一个出类拔萃的成功人士。

人的一生，可以说就是一个持续不断解决难题的过程。人人都得自觉或不自觉地加入这场游戏，谁能有效地解决自己面临的难题，谁就是成功者。每天，无论在办公室、工厂、家中，人们都在努力解决各种问题。但是，他们的"解答"往往不适得其所，甚至于有害无益。本书的真正价值是：把成功的技巧传授给每一个想成功的年轻人。

目　录

|第二章|

明确目标——成功需要正确导航

|第四章|

积累人脉——关系良好，事业顺畅

|第五章|

勤恒奋进——成功的必要条件

|第六章|

知识更新——时刻给自己充电

第一章

面对自己——我是最棒的

认识你自己

在希腊帕尔纳索斯山的南坡上，有一座具有三千多年历史的戴尔波伊神托所。这是一组石造建筑物，在它的入口处，人们可以看到刻在石头上的两个词，翻译成今天的话就是："人啊，认识你自己。"这句话在当时是一句家喻户晓的民间格言，它是古希腊人民的智慧结晶，后来被附会到大人物或神灵身上去了。

由此我们可以看出，认识自己对我们来说有着何等重要的意义，它时刻提醒着我们要把"认识你自己"的箴言，永远镌刻在我们的心中。"认识你自己"这个命题太古老了，但却历久弥新，对于我们来说是非常重要的。它不仅是一种对自我的认识或者自我意识的能力，还是一种可贵的心理品质。一个人总要生活在某种环境之中，经常使自己能够和环境相适应，这就使得我们对自身的了解显得十分重要和必要了。

你可能解不出数学难题，或记不住外文单词，但你在处理事务方面却有特殊的本领；你的理化也许差一些，但写作是能手；也许你五音不全，却有一双极其灵巧的手；也许你连一张桌子也画不像，但却有一副动人的歌喉；也许你不善于下棋，但是有过人的气力。如果你能够认识到这些，再确立自己的人生目标，抓紧时间把一件工作或一门学问刻苦地、认真地做下去，自然会结出丰硕的成果。鲁迅说："即使是一般资质的人，一个东西钻上10年，也可以成为专家。"更何况你所选中的又是你自己的长项呢？

英国著名诗人济慈本来是学医的，但是后来一个偶然的机会，他发现了自己有写诗的才能，于是他便把自己的所有精力投入到诗歌的创作中去。他虽不幸只活了二十几岁，但已为人类留下了不朽的诗篇。

全世界无产阶级和劳动人民的伟大导师马克思在年轻的时候，曾经幻想成为一名诗人，并且也曾经努力地创作过一些诗歌(但是后来他自称是胡闹的东西)，但他很快就发现自己的长处其实不在这里，便毅然放弃做诗人的计划，转到社会科学的研究。

可以说，如果当时这两个人都不能真正地认识自己，从而

找回自己，那么在英国至多不过增加一位并不高明的外科医生济慈，在德国也不过增加了一位蹩脚的诗人马克思而已。但是在英国文学史上和国际共产主义运动史上，则肯定要失去两颗光彩夺目的明星了。

认识自己，看清自己的优点与缺点，不要过高吹捧自己，无论做什么都要切切实实地做，大而无当、好高骛远的想法一定要排除。

当你一切都顺利，平步青云时，你更应该时常警戒自己，保持头脑的清醒，因为那是一个人最能滋生骄傲情绪，走向极端的时候，所以，成功时要像刚起步时那样看待朋友、看待生活，要一如既往地勤奋忠实。不要在取得一点儿成绩以后就认不清自己，把自己和原来的"我"分开，同时也把自己和朋友、亲人分开，使自己游离于社会之外。如果你不慎掉入了那种骄傲的状态时，那你已经远离世界、远离亲人了，在很多人的眼中，你甚至是一个另类。

现实生活当中，有许多成功的企业家之所以先成功后失败，就是因为没能很好地认识自己，没能把现在的自己和原来的自己联系起来。这种现象是很容易出现的，当你成功的时候，你周围的人对你的吹捧会使你骄傲自大。但是那些经受过

挫折的明智的人永远是以自己心中的自我为基准，绝不在乎别人的吹捧，所以他们能长久地发展下去。

认识自己，不管是在逆境中还是顺境中都很重要。现实生活中，当我们面对困难和挫折时，大部分人能够认识到自身的能力和优势，正是这样，所以他们能分析清楚失败的原因，再经过认真的思考，最后坚定信心，就地爬起，再创辉煌。另外一部分人，他们面对挫折和困难时，由于没有清楚地认识自己，所以他们总是怀疑自己，认为自己没有能力，最终等待他们的将是难成大业。

那么，我们怎样做才能真正地认识自己呢？事实上，认识自己可以通过两个方法来实现。

第一种方法，通过自己来认识自己。首先我们要对自身有一个基本的认识。自己的性格是内向，还是外向；在交际方面自己是否有一定的能力；对待工作方面，自己是否踏实、耐心和毅力并存，而且这些方面做得如何；在工作中，自己的创新能力强不强。然后，再对这些做一个全新的定位，同时选择一个能发挥自己优势的工作。

第二种方法，通过别人来认识自己。通过与周围的人相比较，与圣贤或普通人相比较，认识自我在这些参照物中所处的

位置或水平。

在社会交际中，他人就是一面镜子，只有在与他人的相互比较中，我们才能充分地了解自我。我们因看不见自己的面貌，就需要这面镜子。我们评估自己的人格品质和行为，就得利用别人对自己的态度和反映，以此来获得一些评价，并通过这些评价来了解和认识自我。在工作中，由于每个人所具有的潜能的性质不同，诸如有的人拙于文字而长于工艺，有人不善辞令而精于计算一样。所以我们要是只看片面的成绩，往往不能真正认识一个人的才能和禀赋的全部。因此，我们要全面客观地从工作业绩中认识自我。

正确地认识自己，并不是一件很容易的事情。人们往往为了认清自己付出许多的努力和艰辛，但是这些努力和艰辛都是值得的。我们为了达到比较客观地认识自己的目的，还需要把别人对自身的评价与自己对自己的评价进行对比，在实际生活中反复衡量。

能够正确认识自我的人，既能接受自己的长处，又能容忍自己某些方面的短处。要知道人无完人，各种短处和缺陷可能是无法补救的，或者只能做有限度的改善。在这种情况下，能正确认识自我的人，就能泰然接受那种缺陷，而不感到羞愧。

这样他就无须花费力气及精神在别人面前掩饰，由此他才可能集中全力来发展自己。

不能清楚地认识自己，对自己的能力、性格做出一个合理的定位，我们就很容易造成一些损失或走向失败，每个人对自己要有一个基本的认识，这是必需的，只有对自己有了一定的认识，我们才能比较客观的看待自己的能力、性格。

能够正确地认识自己，是件幸运的事。因为你能正确地认识自己，所以你离成功总是比那些对自己不了解的人近。认识自己，并非只有那些天才才能拥有的能力，我们周围有许多平凡的人，他们做自己喜欢的事，活得自在、活得快乐，这也是一种成功。所以当你能认识自己的时候，你的生活也就快乐幸福了。

心法修炼

成功人生的第一步，首先就是要认识你自己，读懂你自己。我们的前方还有无数的艰难险阻，但是这其中有一个对手，就是你自己。只有那些真正认识自己的人，才能征服自己，从而拥有理智和通达的人生观。

大声说"我是最棒的"

美国NBA的夏洛特黄蜂队有一位非常特别的球员——博格斯。他的身高只有160厘米，即使在普通人里面也是个矮子，更不用说在2米还嫌低的NBA了。但这个矮子可确实不简单，他曾是NBA表现最杰出、失误最少的后卫之一，他不仅控球一流，远投精准，甚至带球上篮也得心应手。

那么博格斯是不是天生的灌篮高手呢？答案当然是否定的，这完全是他刻苦训练的结果。在博格斯很小的时候，他就非常热爱篮球运动，几乎天天和同伴在场上拼斗。当时他就幻想着有一天可以去打NBA。当博格斯把这个想法告诉他的同伴时，所有听到的人都忍不住哈哈大笑，甚至有人笑翻在地上，因为在他们看来，一个身高只有160厘米的矮子是绝无可能打进NBA的。

　　同伴们的嘲笑反而更加激起了博格斯的斗志。他在每天训练以前，都用十分坚定的口吻对自己说："博格斯，你是最棒的，你一定能打NBA。"在这以后，他用比一般人多几倍的时间练球，用比别人强几倍的毅力坚持。最终，他成为全能的篮球明星。博格斯不但打进了NBA，甚至还打得相当出色，成为了最优秀的球员之一。

　　博格斯凭的是什么？或许就是那份执着的自信以及由此激发出的顽强毅力，才使得博格斯能够战胜种种难以想象的困难，一步一步走向成功的巅峰。

　　著名遗传学家阿蒙兰·辛费特曾经说过这样一句话："在这个世界上，过去、现在不会有和你完全一样的人，在那未知的将来也决不会存在另一个你。"

　　的确，你在这个世界上是独一无二的。在你出生之前，你就已经进行了一场捍卫生存权利的生死搏斗。

　　不要害怕别人怎么说你，你应该在众人面前大声地说："我是最棒的。"每个人都是最好的，不管你是美或丑，因为你的长相并不是你所能选择的，那是父母给的，所以不要因为长相而感觉自己总是比别人差。当我们对自己失去信心的时候，我们要学着改变自己，在心里对自己大声说："我是最棒

的。！"

有一个知名的男模，他的外表可以说是帅气十足，但是他总对自己的容貌产生一些疑问。他甚至害怕别人向他投来注视的目光，他和别的女孩子约会时，常常感到自己很木讷、很紧张，这仅仅是因为他脸上有个小得难以觉察的疤痕。尽管他在舞台上接受过许多赞许的眼神，但是他还是惶惶不安，他始终对自己脸上的疤耿耿于怀，总害怕别人因为这个原因给他不好的评论。

为此他找到了一位很知名的心理医生，他希望在那里可以得到一些解决的办法。当这个男模把他的苦恼诉说给心理医生时，医生对他说了一句话就再也没有开口了。医生对他说："如果我是你，我一定对别人说'我是最棒的'。"男模回到家后，经过一夜的思考，终于想通了心理医生的话，此后，男模每天都很快乐，再也不会为自己的一些缺陷而感到伤感了。

我们从小就自然认为自己才是最美丽和最重要的。但等到了十几岁，社会教育便在我们的思想中扎了根。人们都持自我否定态度，并随着岁月流逝而越来越甚。如果一个人自以为是美的，他真的就会变美；如果他心里总是认为自己一定是一个

丑八怪，他果真就会变成丑。一个人如果自惭形秽，那他就不会变成一个美人；同样，如果他不觉得自己聪明，那他就成不了聪明人。如果连你自己都不喜欢你自己，那你怎么会得到别人的喜欢呢！

在美国有一名医生，他以善做面部的整形手术而闻名遐迩。从医数年来，他甚至已经创造了很多医学上的奇迹。很多面目丑陋的人在经过了他的一双妙手医治以后，竟然都变得清新可人起来。可是，这位整形高手在后来跟踪治疗的过程中，却惊讶地发现他的好些病人并没有因为手术的成功而变得开心起来。更有甚者，还在抱怨手术后非但没有变得更加美丽，甚至要比以前变得更加糟糕。

其实，美丽和丑陋，并不在于一个人的面貌如何，更重要的是他如何看待自己的态度，这才是至关重要的。美不是一种外在的表现，而是一种更深层次的内在气息，这些气息有自信、勇敢、聪明、快乐等。当你拥有了这些气息的时候，你就是最美的。

也许在我们上小学或中学时，会有这样的同学，他们对自己的学习一直没有信心，他们一开始就认为自己不是读书的材

料，认为自己没有这个天分，所以等待他们的将会是失败或者平庸的一生。对于失去信心的人来说，在他们的心里只深信自己是二流的，永远不能走上成功的舞台。这些原因，导致了他们在生活当中总是回避挑战，面对需要得到帮助的人，他们总是不能伸出援助之手，他们始终认为自己的帮助对别人可能根本就派不上用场。

生活当中，我们见过一些身体或高或矮、或胖或瘦的人，也许他会是你的朋友、你的同事。但你注意到他们对自己的态度了吗？他们当中有些人的态度总是那么从容自得、充满自信，根本没想到把自己和社会上一般的标准做比较。他们不会因为自己的身体而减损自信。美与丑、好与坏的评价在于观赏者的眼睛，其他人怎么说并不重要，他人的嘴不是你所能控制的，只要我们能控制自己的心态就够了，只要你相信自己是最棒的，那么任凭风吹雨打都不怕。其实我们应该相信"天生我才必有用"，没有谁天生是无用的，就看你如何对待自己。否定自己价值的人将会失败，即使不会失败，也会碌碌无为地度过一生。

美国哲学家爱默生说："人的一生正如他一天中所设想的那样，你怎样想象，怎样期待，就有怎样的人生。"在我们

每个人心里都有一幅"心理蓝图"，或一幅自画像，有人称它为"自我心像"。如果你的心像想的是做最好的你，那么你就会在你内心的"荧光屏"上看到一个踌躇满志、不断进取的自我。同时，还会经常听到"我做得很棒，我以后还会做得更棒"之类的信息，这样你注定会创造一个最棒的你。

美国赫赫有名的钢铁大王安德鲁·卡内基就是一个能充分发挥"自我心像"机能的楷模。他12岁时由苏格兰移居美国，最初在一家纺织厂当工人。当时，他的目标是决心"做全厂最出色的工人"。因为他经常这样想，也是这样做的，最后果真成为全厂最优秀的工人。后来他又当邮递员，他想的是怎样"做全世界最杰出的邮递员"。结果，他的这一目标也实现了。终其一生，他总是在根据自己所处的环境和地位塑造最佳的自己。

由此可见，所谓的"好运"不是与生俱来的，而是人们在生活历程中创造的。

所以，在我们的一生中，究竟是什么决定人生成功的重要因素呢？是气质还是性格？是财富还是关系？是勇敢还是智慧？不，其实都不是。而最重要的就是你自己必须相信自己，自己必须看得起自己，这样才能走向成功的巅峰。

我们必须永远看得起自己！你要想生活得幸福，事业有成就，就必须最大限度地看得起自己，使自己处于最佳的状态。只有发掘和利用这种状态，我们才会走出忧郁和苦闷的潭，才能清除人生道路上的困难与阻力，最终成功实现自己的梦想。

心法修炼

纵观人类历史，那些最终成就大事业者，他们的大事之成无不从立大志开始。试想，如果他们当年没有"生当为人杰"的豪气，没有"舍我其谁"的霸气，能够成就他们的宏伟事业吗？如果心中没有鸿鹄之志的激励，他们也就只能和那些平常的燕雀一样，终其一生飞行在蓬蒿之间了。

认清自己的使命

有这样一名长跑运动员，他上学时很害羞，在讲话和阅读上总是不能很好地表达出来，因为他有口吃病，为此他经常受到同伴的嘲笑和捉弄，这令他非常沮丧和懊恼。但是他很快发现了自己非常喜欢体育运动，并且在舞蹈、杂技、体操和跳水方面有很好的天赋。认清这些之后，他开始专注于长跑、杂技、体操和跳水方面的锻炼，以期望能脱颖而出，赢得同学们的尊重。由于他的天赋和努力，他开始在各种体育比赛中崭露头角。当这名长跑运动员到了中学以后，他遇到了他的长跑教练。他于是专心投入到了长跑训练中去。经过长期的专业训练和不懈的努力，他在长跑方面取得了骄人的成绩。

从上面的例子当中，我们看到的不是什么大人物，但我们由此知道了一个人要实现自己的人生价值，就得正确地认识自

己，珍惜有限的时间，选择最适合自己的事情去做。

我们每个人都有着自己的使命，只有当我们清楚地认识到自己的使命时，我们才能活得更加快乐，更加幸福。正如在这个世界上有的人适合做将军，有的人适合当士兵一样。假使适合做士兵的人以做将军为自己的人生目标，这虽然是一种很大的追求，但其实这更需要拥有做将军的才能，如果没有这种才能却老有做将军的这种想法只会使你一生痛苦不堪，受尽挫折。

所以，那些智者总是能够对自己有一个客观的认识，人们常常会说这样的话：你也不照照镜子看看你咋样。在现实生活当中，这句话告诉我们的是让我们对自己有个清醒的认识。

美国的女影星霍利·亨特在清楚地认识到了自身特点以后，开始根据自己的情况来选择自己所走的道路。在经纪人的指导下，她根据自己身材娇小、个性鲜明、演技极富弹性的特点给自己重新定位，最终通过一些影片的精彩演绎，夺得了戛纳电影节的"金棕榈"大奖和奥斯卡大奖。

任何一个人想取得成功，必须从认知自己开始。把自己看得越准确、越透彻的人，他选择的道路就会越正确，自己的潜力就越能发挥出来，成功的可能性就越大。

在我们日常的工作中，性格、能力也会随着自己的见识

而不断地改变，同时也会慢慢发现自己所存在的潜力。这就需要我们不断地学习，以此来增强自己各方面的能力，多与他人沟通，多给自己一些锻炼的机会。这样，我们就会更早、更容易发现自己的潜能，使自己能更早地发挥这些未开发出来的潜力，让自己比别人更早成功。

当你的工作只是为了自己短期的利益时，你的动力不是最强烈的，一旦遇到挫折就会放弃；当你的工作是为了长期的利益而着想时，你的动力是强烈的，一旦遇到挫折，你会认为这点挫折跟自己远大使命相比太微不足道，你会为了这种使命感而坚持到底，并全力以赴。

每一个成功的人，都会遇到无数挫折，都需要以更大的干劲与坚持到底的精神才能获得成功。但在我们研究成功时，常常只注意到了他们的外在表现，而忽略了他们内在的动力来源。他们之所以有强大动力和坚持到底的精神，就在于他们内心深处都有一种使命感。

成功来源于远大的使命。一个良好的心态，充分认识自己的使命，才是成功的良方。当你认识到自己从事目前这一份工作，不是为了一碗饭、不是为了生活，也不是为了赚钱，而是为了一个更崇高、更远大、更有意义的神圣使命时，你就会更

加充满干劲，从而达到成功。

心法修炼

老子《道德经》曰："知人者智，自知者明。"可见，能真正地了解自己，"走自己的路"，而非被别人的评价所左右，这也是一种大智慧，一种大策略。

保持自己的本色

索菲娅·罗兰，是世界著名影星、奥斯卡最佳女演员奖得主。16岁时，她为了追逐自己的演员梦想，一个人只身来到了罗马。刚到罗马时，一些"演艺界的前辈"就认为她的个子太高、臀部太宽、鼻子太长、嘴巴太大等等，所有这些都不符合当时的审美要求，不具备成为一名演员的基本条件。

不过还好，一次幸运的机会，制片商卡洛看中了她。但索菲娅·罗兰在随后的几次试镜过程中，摄影师们都抱怨无法把她拍得更美艳动人，卡洛的想法也变得动摇起来，于是找到了索菲娅·罗兰，对她说："索菲娅，如果你真想干这一行，我建议你把你的鼻子和臀部'动一动'，做一次美容手术，那样或许就会更好些。"

但是有主见的索菲娅·罗兰断然拒绝了卡洛的要求，因为

在她的心里始终坚信着这样一个原则："我就是我自己，只有做好了自己，我才能向他人学习。"她坚信自己内在的气质和精湛的演技最终能够赢得人们的喝彩。

虽然很多流言对索菲娅·罗兰都很不利，但她始终没有因为别人的议论而停下自己奋斗的脚步，反而越挫越勇。终其一生，她参与拍摄了60多部影片，她的演技也达到了炉火纯青的程度。通过这些影片，观众认可了索菲娅·罗兰的善良和演技。

1961年，索菲娅·罗兰获得了奥斯卡最佳女演员奖，她最终成为了世界著名影星。直到此时，以前那些说她鼻子长、嘴巴大、臀部宽等等的议论都不见了，反而得到了更多的好评，以前的缺点甚至还成为了当时评选美女的标准。20世纪末，索菲娅·罗兰已经60多岁了，但是，她被评为了那时"最美丽的女性"之一。

当后来有人问起索菲娅·罗兰的成功经验时，她是这样回答的："我谁也不模仿。我不去奴隶似的跟着时尚走。我只要做我自己。当你把自己独特的一面展示给别人的时候，魅力也就随之而来了。"

　　"我就是我"，没有人能替代我自己。你也许能把很多的事做到完美，但是你仍然不能代替他人。人生最重要的就是做真实的自己。生活中，许多想成功的人，他们都在模仿自己心目中的那些成功人士，但是他们往往在这些模仿当中迷失了自己，忘记了真实的自己，忘记了自己的优势。

　　其实，成功的人与不成功的人，都拥有着聪明的一面，拥有着自己天生的长处和特质，也有着他人不可比拟的聪明优势。所以，我们不必去模仿那些成功人士，我们只能借鉴他们的成功经验，当你找到了自己的优势时，你就有了通向成功的起点了。

　　那些有成就的人，他们敢于选择做真实的自己，走自己的路。不管他们所选择的这条路上有没有人陪，他们仍然走在路上。然而，这些成功的人和有成就的人，他们具备的是一种永不言败的精神和一种不断努力奋斗的勇气。他们也懂得经营自己的人生，把自己的人生打拼得有声有色，活出真正的色彩。

　　我们拥有自己的人生，人生其实就是不断地寻找自己、定位自己、调整自己的过程。但最值得注意的是，我们要在拼搏的过程中知道自己的位置，找到最适合自己的人生舞台，只有这样，我们才能活得更加精彩，才能迎向明天成功的太阳。坚

持"我就是我"的原则，并且找到属于自己的人生目标，只有这样才能获得成功。

一个企业里，最优秀的员工，往往是很聪明的，他们不会去问主管需要做什么，或者某件事需要如何做，他们往往能找到自己该做的事。而那些一般的员工，只能等待着主管来下达命令。当"愚者"在为没有遵循成功者的准则而叹息时，聪明的人、优秀的人总是在快乐、幸福地生活着，因为他们自始至终都在依照自己的原则而生活。他们始终遵循着："我首先是我自己，然后才向别人学习。"

有人说过这样一句话："人的身体是模子倒影出来的，但是一个人只有一个模子，而且在这个模子倒影出自己的时候就打碎了。"是啊！在这个世界上，每个人都是独一无二的。因此，我们有理由保持自己的本色。生活当中，我们不该再浪费任何一秒钟，去模仿或忧虑我们与其他人不同的地方，我们应该好好利用自身的潜力。

是啊，人生就要活出真正的自我，活出自己的风采，做自己想做的人。不要任意听取别人的意见而去学习他人，要遵守"我就是我"的原则。

心法修炼

不论怎样，你都要遵守自己的原则，保持自己的本色。不管它是好的还是坏的、美的还是丑的、是富贵还是贫穷，你必须要认识到它始终是有其生存的理由。其实，正如聪明人是真实自己的写照一样，你要想成为一个聪明的自己，首先就要做真实的自己。

打造独一无二的自己

文艺复兴时期，一个画家是否能够出人头地，在很大程度上取决于能否找到一个有实力的赞助人。米开朗琪罗很幸运，他找到的赞助人是教皇朱里十二世。一次在修建大理石石碑时，两人的意见不一，激烈地争吵起来，米开朗琪罗一怒之下扬言要离开罗马，去寻找其他的赞助人。大家都认为教皇一定会赶走米开朗琪罗，但事实恰恰相反——教皇非但没有责怪米开朗琪罗，还极力请求他留下来。因为他清楚地知道，米开朗琪罗的能力绝对能够找到另外的赞助人，而他却永远无法找到另一个人来替代米开朗琪罗。

尼克松当总统期间，白宫进行了几次权力的变动，很多人的职务被更换，但基辛格始终在白宫保有一席之地，而且还是个很重要的位置。这并不是因为他是美国最好的外交官，也

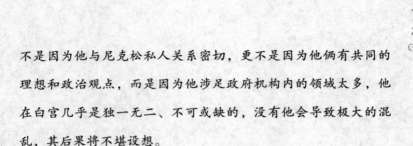

不是因为他与尼克松私人关系密切，更不是因为他俩有共同的理想和政治观点，而是因为他涉足政府机构内的领域太多，他在白宫几乎是独一无二、不可或缺的，没有他会导致极大的混乱，其后果将不堪设想。

以上两个案例中，米开朗琪罗是颇有名望的艺术家，他有着超人的才华。而基辛格的能力是多方面的，他涉足白宫的多个部门，在诸多领域中都发挥着自己独特的作用。他们有一个共同的特点，那就是他们都将"能力武装"的王牌紧紧地握在了自己的手里。

我们每个人在这个社会中都扮演着不同的角色，同样也承担着不同的责任。科技飞速发展的现今社会，人才的需求量并不是很均衡，鉴于职场激烈的竞争，怎样立足，已经成为每个求职者必须面对的问题。

美国激励大师阿尔伯特·哈伯德曾说："世界上最公开的秘密就是你在面对困难时只要比别人稍微努力一点，你就会成功。"在市场竞争或职场拼杀中，要想超越别人而成功，成为最能干的人，你就必须能办最困难的事。最困难的事当然就存在最大风险。很多人在工作中最怕的就是承担风险，宁可"永远安全"地呆在一个职位上，对于困难他们总是退避三舍。实

际上，想要永远安全的他们其实并不安全，真正的危险正悄悄降临。

没有人能轻易取得成功。成功的人无不经历了无数的困难和挫折，无不承受了无数的苦痛和煎熬，在经历狂风暴雨的洗礼之后，才见到人生的"彩虹"。困难正如地狱和天堂的分水岭，蹚过困难之河就到了天堂，蹚不过去的就成为地狱的居民。成功的人就是那些迅速应付困难的人，他们不会把困难看作地狱，而是把它看作黎明前的黑暗。

困难来临的时候，机会也在慢慢浮出水面，行动决定了一切。困难也成为成功者和失败者的分水岭，困难是成功者登得更高、走得更远的路标；而对于失败者，困难就成了永远无法逾越的屏障。

处于当今这个信息时代当中，我们可学的东西实在太多了，学习途径也很多。我们可以在工作中、生活中，随时找到学习的机会，只要你善于发现，良师益友就在我们身边。而这个学习过程，正是我们通往理想的切实的道路。当然，此理想并不一定多么远大，它可以是我们赖以生存的一项本领；也可以是我们确定自己人生现状的生活方向；更是一份正面人生的智慧。因此，有选择、有规划地学习是必须掌握的。学无止

境，让我们以快乐的心情汲取更多的养份，生活因此也会变得更加快乐！

工作中无小事，如果我们在工作中，对每一件看上去不起眼甚至很多看不出成绩的事情，都能以认真的态度来对待，你就会发现，很多麻烦的、令你头痛的工作会因你的这份耐心与细致而迎刃而解。

爱迪生在成功找到灯丝材料之前，已经失败了9999次。但是爱迪生不愧是伟大的发明家，纵使屡战屡败，他并不畏惧，在他看来失败仅是又一次不成功的经历。最后他终于走出挫折的迷途，给全世界人民带来了光明。

亨利·福特从12岁开始，进行了无数次失败的实验，不知多少人劝他不要再做不可能的事了，然而福特一直坚持，永不放弃，终于在29岁时成功设计出人类第一辆汽车。

总之，那些成功的人士，都是从困难中走过来的。困难的存在是永恒的，逃避困难，就等于拒绝成功。困难锻炼人，困难考验人，困难造就强人。我们应该感谢困难，越是困难的事情竞争者越少，机会和效益也越大，越是困难的事情越值得我们去做。一个人如果能把有难度的事情做成功，才能得到更多人的欣赏、承认和尊重，才能有更多动人的故事被人接受和传

颂。每部名人传记，都是面对困难并战胜困难的人生经历。

　　现代商业社会，竞争激烈，那些平庸的员工都在频繁地变换着工作，因为他们手中没有一张"王牌"！

　　所以，没有领导重视他们，所以他们对现状不满，所以他们总是在职场中找寻自己的位置。当然，很少有人能有米开朗琪罗、基辛格那样的成就。但是，我们可以培养一项自己突出的能力，这也可以让自己不可替代，并让自己的地位更加稳固，让一切都在自己的掌握之中，立于不败之地。

心法修炼

　　如果你想在职场中获得成功，就要做好吃苦的准备，做好接受挫折的准备。做困难的事，做其他员工不愿做，不敢做的事，在公司舞台上把每一出戏、特别是难演的戏演好，打造独一无二的你自己，那你就已经成功了一半。

命运掌握在自己手里

很久以前，有一个平庸的年轻人，他总是感到自己的生活不尽人意，于是便经常去找一些"赛半仙"算命，结果下来越算反而越没信心了。忽然有一天，他听说山上寺庙里有一位禅师很有道行，他便急匆匆地前去拜访禅师，带着对命运的费解，他向禅师请教："大师，请您告诉我，这个世界上真的有命运之说吗？"

"有的。"禅师微合双目轻声回答。

"哦，那我是不是命中注定要穷困一生呢？"这才是他最关心的问题。禅师听了年轻人的话，慢慢地张开双目示意这个年轻人伸出他的左手，他的目光停留在年轻人的手掌之上，然后对这个年轻人说："你也来看看，这条横线叫作爱情线，这条斜线叫作事业线，另外一条竖线就是生命线。"

说完，禅师让年轻人慢慢把手握起来，握得紧紧的。继而又问道："年轻人，你说现在这几根线在哪里？"

年轻人似乎更加迷惑了："当然是在我的手里啊！"

"那么，你说命运呢？"

那人终于恍然大悟，命运原来是掌握在自己手里的。让我们继续来看看一位饱学之士的故事吧：

一位秀才已经是第三次进京赶考了，在考试前几天他连续做了三个梦：第一个梦是梦到自己在墙上种白菜；第二个梦是下雨天，他穿了蓑衣还撑着一把伞；第三个梦是梦到跟心爱的表妹脱光了衣服躺在一起，但是背靠着背。这三个梦似乎有些蹊跷，秀才第二天一大早起来就去找算命的解梦。算命的一听，连拍大腿说："你还是回家吧。你想想，高墙上种菜不是白费劲吗？穿蓑衣打雨伞不是多此一举吗？跟表妹都脱光躺在一张床上了，却背靠背，不是没戏吗？"秀才一听，觉得分析得很有道理，于是心灰意冷，回店收拾包袱准备回家。

店主人非常奇怪，便问："公子，不是明天才考试吗，今天你怎么就回乡了？"秀才把他的梦境和算命先生的话给店主人说了，店主人听了之后笑道："是这样啊，我也会解梦的。我倒觉得，你这次一定要留下来。你想想，墙上种菜不是高（中）种吗？穿蓑衣打伞不是说明你这次有备无患吗？跟你表妹脱光了背靠背躺在床上，不是说明你翻身的时候就要到了吗？"秀才一听，觉得很有道理，于是重新振奋精神，参加考试，结果居然中了个探花。

其实，命运掌握在我们自己的手里，而不是在别人的嘴里！人生的发展方向和生死成败，完全取决于我们的人生态度。不管别人怎么跟你说，不管"算命先生"如何给你算，记住，命运在自己的手里，而不是在别人的嘴里！

当然，再看看自己的拳头，你还会发现，你的生命线有一部分还留在外面没有被抓住，它能给你什么启示?命运大部分掌握在自己手里，但还有一部分掌握在"上天"的手里。古往今来，凡成大业者，他们"奋斗"的意义就在于用其一生的努力去换取在"上天"手里的那一部分"命运"。你只有积极进取，努力奋斗，才有可能获得满意的结果。反之，如果你只是一味地等待机会，那么你最终所能得到的只能是一次次的失望，甚至绝望了。

"向月亮射击，即使不能射到月亮，也会射到某一颗星星。"这是演讲家雷斯·伯朗所说的话。底特律著名的慈善家史坦利·克雷吉也说过："只要多打几发，不好的枪也能命中。"他们一个主张目标要高，一个认为应持续不断地向目标努力。两者都是改变命运所必要的基本态度。

在韩国有一位执着的老翁，他在长达5年的时间内，先后参加了271次驾照的考试，但都是以失败而告终。但是这老汉愈挫愈勇，终于在第272次参加驾驶理论的考试时顺利通过了。

这是一种多么让人叹服的永不言败的精神啊！但是反观我们自己，在失败之后总是有千万个理由：要是再给我一点儿时间的话、要是条件再好一点儿的话、要是对方认真对待的话……总之，我们总是有找不完的理由为自己的失败开脱，却从来看不到自身主观努力的不足。如果我们真的能够做到正视自己存在的缺陷，然后逐一弥补，那么我们离成功也就会更近了。但是我们却总是急于找理由来掩盖我们的失败，这样一次次冠冕堂皇的借口托辞，最终也成了阻止前进的障碍。

心法修炼

积极的人，就像太阳一样，照到哪里哪里亮；消极的人，就像把月光想象成白银一样，是那样的遥不可及。命运掌握在你的手里，你有什么样的想法，就有什么样的未来。

积极的自我，造就积极的人生

　　某个小村落遭受了暴风雨的侵袭，洪水开始淹没村庄。神父在教堂里祈祷，眼看洪水就要淹到他的跟前了。一个救生员驾着舢板来到教堂，跟神父说："神父，赶快上来！"神父说："不！我深信上帝会来救我的。"没一会儿，洪水淹过神父的胸口了。这时，又有一个警察开着快艇过来，跟神父说："神父，快上来，不然你会被淹死的！"神父说："不，我相信上帝一定会来救我的。"又过了一会儿，洪水已经把整个教堂淹没了，神父只好紧紧抓住教堂顶端的十字架。一架直升飞机飞过来，飞行员丢下了绳梯之后大叫："赶快上来，这里很危险。"神父还是意志坚定地说："不，我要守住我的教堂！上帝一定会来救我的。"洪水滚滚而来，固执的神父终于被淹死了……

神父上了天堂，质问上帝："主啊，我终生信奉您，奉献自己，你为什么不肯救我？""我怎么不肯救你？第一次，我派了舢板来救你；第二次，我又派一只快艇去；第三次，我派一架直升飞机来救你，结果你都不愿意接受。所以，我以为你急着想要回到我的身边来，可以好好陪我。"上帝说。

生命中太多的障碍，皆是由于过度的固执与愚昧和无知所造成。就像这个固执的神父，危难之际却拒绝了。在别人伸出援手之际，别忘了，唯有我们自己也愿意伸出手来，人家才能帮得上忙的。所以在现实生活中，我们也一定要积极行动起来。

1.开会时起立发言

开会时起立发言，给人的感受更强烈、更有压迫力，听众的感受往往会更为强烈，站着发言还可以使你居高临下，把握全场听众的气氛。

特别是那些对自己的讲演没有信心的人，更应该站着发言。虽然发言内容是一样的，但站着发言这一小小的改变，就可以给听众留下"积极"的好印象。

2.用力握手

握手虽然看起来只不过是手与手的接触，但实际上却也是一种心与心的交流。用力握手可以让对方感受到自己的热情与

意志，并给人一种强大的印象。

事实上，握手愈用力，愈可以给对方留下深刻的印象。反过来说，若是对方用力地握我们的手，我们意识中就会用力地握回去，以免自己居下风。

3.签名的字体大一些

政治家的名片上除了姓名之外，其他如住址、电话等一概不印，并且姓名也用比一般人的名片上还大的字体来印刷，这些都显示出想让对方记住自己姓名的意图。

根据一位教师的经验，通常将自己的姓名签得很大的学生，他的学业成绩虽然不一定就很好，但往后的成就却往往会较大，这就显示写大字的人较具有积极性！

4.主动坐到上司的旁边

在学校，你是否发现这样一个现象，那些对自己有信心的学生，他们一般会选择前排的座位。一般公司职员，对自己越有信心，就越喜欢和上司在一起。反之，对自己没信心的人，就会很自然地往后坐。因此参加事先没安排座位的集会时，主动坐在上司的旁边，可以表现自己的自信心。

5.说出自己的梦想

拥有远大目标的人，他的整个人都会给人一种"大"的感觉。有梦想的男人才是富有魅力的男人。女性和这样的男人在一起，就会产生连自己的梦想都可以实现的感觉。梦想就是幻想，因此就算是完全的超现实也无所谓，只要拥有属于自己的梦想，整个人就会充满了魅力。

6.演讲时用手握着麦克风

使用麦克风说话时，我们用手拿着麦克风讲演，更能增加自己的魅力。将麦克风拿在手上使用，我们就可以随心所欲地走近听众席进行讲演，如此更易拉近我们和听众间的距离。

心法修炼

在生活中，机会会降临到每一个人的身上。所以当机会降临时，我们要迎头赶上，放手一搏。如果没有最初的爆发，就没有伟大的成功。正如西奥多·罗斯福曾经说过的：只有那些勇于从看台上走到竞技场参与行动的勇敢者，才能成就伟业，才能享有完满的一生。无论成功或失败，你至少要保持积极进取的心态，只有这样，生活才会变得更美好。

第二章

明确目标——成功需要正确导航

认真选择你的人生目标

有三只青蛙掉进了牛奶桶中。

第一只青蛙说："这是命啊！"于是它盘起后腿，一动不动的等待着死亡的降临。

第二只青蛙说："这桶看来太深了，凭我的跳跃能力是不可能跳出去了，今天算是死定了。"于是，它沉入桶底淹死了。

第三只青蛙观察着桶壁四周说："真是不幸！但我的后腿还有劲，我要找到垫脚的东西，跳出这可怕的桶！"于是，这只青蛙一边划一边向上跳。慢慢地，鲜奶在它的搅拌下变成了奶油块。在奶油块的支撑下，这只青蛙奋力一跃，终于跳出了奶桶。

正是明确的目标——要找到垫脚的东西，跳出这可怕的桶，拯救了第三只青蛙的性命。你是否有一个目标？你必须有

一个，困难而且你还未曾达到的目标，正如你从一个从未到过的地方回来一样。一个没有明确目标的人，就像一艘没有舵的船，永远漂流不定，只会到达失败的港湾。

前美国财务顾问协会的总裁刘易斯·沃克曾接受一位记者的采访，话题是有关稳健投资计划基础的。他们聊了一会儿后，记者问道："到底是什么因素使人无法成功？"

沃克回答："没有明确的目标。"

当记者要求沃克能进一步解释时，他说："我在几分钟前就问你，你的目标是什么？你说希望有一天可以拥有一栋山上的小屋，这就是一个模糊不清的目标。问题就在'有一天'不够明确，因为不够明确，成功的机会也就不大。如果你真的希望在山上买一间小屋，你必须先找到那座山，核算一下你想要的那座小屋的价值，然后再考虑通货膨胀等因素，计算一下在5年之后这栋房子的价值。然后你再决定为了达到这个目标，你每个月至少要存多少钱。如果你真的按照上面说的这么去做了，那么你可能在不久的将来就会拥有一幢山上的小屋，但如果你只是说说，梦想就可能不会实现。梦想是简单而让人兴奋的，但如果没有切合实际和充足全面的计划，那最后只能是妄

想而已。"

　　许多人埋头苦干，却不知所为何来，到头发现追求成功的阶梯搭错了边，却为时已晚。因此，我们务必明确真正的目标，并拟定达到目标的过程，深思熟虑，凝聚继续向前的力量。

　　在疗养院里有一个非常奇特的现象，每当在一些特殊的日子里，譬如节假日、结婚纪念日、生日等比较喜庆的时间段，死亡率会奇迹般地降低。因为许多老年人他们为自己立下了一个目标：再和儿女们多过一个休息日、多过一个农历新年、多过一个纪念日、一个国庆日等等。可是等到这些日子一过，这些老人往往就志得意满，心中的目标、愿望都已经实现了，于是继续活下去的意志就变得非常的微弱了，这段时间死亡率竟然出奇的高。

　　生命诚可贵，但是只有做一些有意义的事情来填充它的时候，它才能够得以延续。事实上，我们每个人都能够意识到在生活中树立目标的重要性。然而，他们的目标或是受别人的影响，或是出于对生活的淡漠而淹没于大街上熙来攘往的人流之中。

　　生活中，我们可以看到各种成功的案例，譬如肯德基的创始人桑德斯便是如此。桑德斯一直希望退休后能按照自己的兴趣与嗜好去从事某项工作，因为他喜欢吃鸡肉，所以他60岁从公司退休之后开始着手经营这项生意。在他61岁时，研究出独特的炸鸡方法，并开始经营炸鸡店。从此之后，肯德基在全球范围内盛行起来。桑德斯之所以在退休后还能取得这样的成就，是因为他清楚地知道自己的目标，并且积极朝着目标前进。

但在生活中，又有太多的人庸庸碌碌以致一事无成。这其中最根本的原因，在于他们根本不知道自己到底要做什么。由此可见，明确自己的目标和方向是何其的重要，你只有知道你的目标是什么、你到底想做什么之后，你才能够达到自己的目的，你的梦想也才会变成现实。

心法修炼

爱迪生曾经说过："一种思想所产生的力量，可以超过一个世纪的所有人、动物和发动机所产生的能量。"由此可见，树立一个明确的目标是多么重要。一个人做什么事情都要有一个明确的目标，有了生活和奋斗的目标，才会产生前进的动力。因而目标不仅是奋斗的方向，更是一种对自己的鞭策。有了目标，才有热情。

好的目标就是成功的一半

在1984年的东京国际马拉松邀请赛中，名不见经传的日本选手山田本一出人意料地夺得了世界冠军。当记者问他凭什么取得如此惊人的成绩的时候，他平静地说："凭智慧战胜对手。"很多人听了他的回答都认为他是在故弄玄虚，众所周知，马拉松比赛靠的是体力和智力的较量，说是单凭智慧取胜不是太牵强了么？可是两年后，在意大利北部城市米兰举行的国际马拉松邀请赛上，山田本一再次获得了冠军。当记者再次询问他成功的经验的时候，山田本一仍是十分平静地说：用智慧战胜对手。直到10年之后，山田本一在自传中这样写道："我在每次比赛之前，都要亲自乘车把比赛的路线仔细观看一遍，并把沿途比较醒目的目标都画下来。在比赛开始之后，我就以百米冲刺的速度奋力向第一个目标冲去，等到达第一个

目标后又以同样的速度向第二个目标冲刺。结果40多公里的赛程，就被我分解成几个目标从而轻松地跑完了。"或许只有在读了山田本一的自传之后，我们才能真正地理解他那句平淡的、让人捉摸不透的话的真正含义吧。山田本一的聪明之处也就在于他将一个大的目标分解开来，化整为零，变成一个个容易接受的小目标，然后将其各个击破。谜底揭开，这的确是一个实现终极目标的有效方法。

目标，也就是既定的目的地，也是你理念的终点。一个人做什么事情都要有一个明确的目标，有了明确的目标便会有了奋斗的方向。

聪明的人，还有那些有理想、有追求、有上进心的人，一定都有一个明确的奋斗目标，他们懂得自己活着是为了什么。因而他们的所有努力都能围绕着一个比较长远的目标进行，他们很清楚地知道自己怎样做是正确的、有用的，否则就是做了无用功，或者浪费了时间和生命。

一个人有了生活和奋斗的目标，也就产生了前进的动力。因而目标不仅是奋斗的方向，更是一种对自己的鞭策。有了目标，就有了热情，有了积极性，才会有强烈的使命感和成就

感。那么，我们又应当如何制定适合自己的目标呢？

1.目标必须属于你自己

你自己的目标一定要自己来设定，因为你本身才是实现目标的原动力。

2.目标必须是长期的

没有长期的目标，你就可能会被短期的种种挫折击倒。你可能有时觉得有人故意阻止你进步，但实际上，真正阻碍你进步的人就是你自己。

如果你没有长期的明确的目标，暂时的阻碍可能构成无法避免的挫折。家庭问题、疾病及其他你无法控制的种种情况，都可能是重大的阻碍。一次挫折可以是进步的踏脚石，而不会是绊脚石。

库勒先生曾以一种有意义的方式表示了他的创意，他说："成就伟大的机会，并不像急流般的尼亚加拉瀑布那样倾泻而下，而是缓慢的一点一滴。"如果你想拥有伟大的成就，你就必须每天朝着目标工作。所以要尽可能地坚持每天制定自己的目标，并且向着这个目标努力奋斗，我们的伟大长期目标会帮助我们实现梦想。

3.目标必须是特定的

目标很重要，几乎每一个人都知道，然而，一般人在人生的道路上只是朝着阻力最小的方向行事，这是"徘徊的大多数普通人"，而不是"有意义的特殊人物"。你必须是一位"有意义的特殊人物"，而不是一位"徘徊的大多数普通人"。

就像在一个艳阳高照的天气里，你用一面放大镜放在报纸上，并且保持和报纸间的一段小距离。如果放大镜是移动的话，永远也无法点燃报纸。然而，放大镜不动，你把焦点对准报纸，利用太阳的威力，这时纸就会燃烧起来。

不管你具有多大才华或能耐，如果你无法管理它，将它聚集在特定的目标上，并且一直保持在那里，你就永远无法取得成就。就像猎人并不是朝鸟群射击，而是每次选定一只作为"特定"的目标一样。

4.目标要远大

只有远大的目标，才会给人以创造性的火花，使人有可能取得成就。只有远大的目标才会有崇高的意义，才能激起一个人内心的那份渴望。切记：你所设定的目标必须要有足够的高度，在一般人看来似乎是不易完成的，可是它又对你有足够的吸引力，使你愿意全心全力去完成。当我们有了这个心动的目

标，再加上执着的信念，那么就基本接近成功的一半了。

正如约翰·贾伊·查普曼说的："世人历来最敬仰的是目标远大的人，其他人无法与他们相比。贝多芬的交响乐、亚当·斯密的《原富》以及人们赞同的任何人类精神产物。你热爱他们，因为你说这些东西不是做出来的，而是他们的真知灼见发现的。"

5.目标应该是明确的

现实生活中，有一些人他们自己似乎也有自己的目标，但是你要是让他们说出自己的具体目标到底是什么？他们又往往说不清楚，甚至连他们自己都感到茫然。因此，他们的目标就是模糊的、泛泛的、不具体的，因而也就是难以把握的。其实，这样的目标就等同于没有目标一样的效果。

还记得我们小时候的理想吗？那个时候，我们当中的小伙伴们有的憧憬未来做一个科学家，其实这样的目标就是非常不明确的，有点太不具体了、太笼统了。因为现代科学的门类很多，他们究竟立志想成为那个学科的科学家并不明确，因而也就很难把握。由此可以看出明确目标的重要性。

6.目标必须是切合实际的

一个人在确定奋斗目标之初，一定要根据自己的实际情况

来确定切合实际的目标。所谓的切合实际，即指具有达成目标的可能。但是，目标切合实际并不意味着目标应该是低下或容易达成的。事实上，一种不是轻易能够达成的目标，对目标的追求者才具有真正的挑战性。因此，在你确定目标的时候，必须要令它成为你所愿意追求的与你所能够追求的对象。

如果目标不切合实际，甚至与自己的自身条件相去甚远，那就不可能达到了。为了这样一个不可能达到的目标而花费精力，那简直就是在浪费生命。

7.目标应该是专一的

你在确立目标之前，一定要做细致入微的考察，要权衡利弊，考虑影响目标成功的各种因素，在众多可供选择的目标中间最终确定一个。而且这个目标一旦确定，就不要随意更改。俗语说"与其常立志，不如立长志"，如果一个人在某一时期内经常变换目标，甚至确立多个目标就会使人无所适从，应接不暇、疲于应付了。

8.目标必须具有时限

任何一种目标，必须指明达成的期限。如果没有明确的目标达成期限，则人们很容易趋于拖延的态度，而使目标的实现变得遥遥无期了。另外有了明确的达成期限，才有助于人们订

立适当的行动纲领来实现目标。

道格拉斯·勒顿说："你决定人生追求什么之后，你就做出了人生最重大的选择。要能如愿，首先要弄清你的愿望是什么。"有了理想，你就看清了自己想取得什么成就。有了目标，你就有一股无论顺境逆境都勇往直前的冲劲，目标使你能取得超越你自己能力的东西。只有当你拥有远大目标时，你才能够取得伟大的成就。

心法修炼

成功人士都是这样取得成功的。奥运金牌得主不光靠他们的运动技术，而且还靠远大目标的推动力，商界领袖也一样。远大的目标就是推动人们前进的动力。随着梦想的实现，你会明白成功的要素是什么。没有远大的目标，人生就没有瞄准和射击的目标。

把梦想提升为你的人生目标

有一位17岁的高中生，一次偶然的机会，她看到有关巴黎埃菲尔铁塔的介绍，她一下被吸引住了。于是她暗暗地下定决心，等到高中毕业的时候，一定要去巴黎实地参观一下。结果高中毕业就忙着考大学，在大学的四年里她也一直对自己许诺，等大学毕业后她要去一趟。但当大学毕业后，她又急于想找一份稳定的工作。当工作就绪之后，又想等工作做出些成绩之后再去巴黎游玩。而就在她工作稳定的时候，她又被丘比特的神箭射中了。陷入爱河的她又给自己做了一个许诺：等到结婚度蜜月的时候再去巴黎吧。结果，婚后她很快就生了小孩，她的目标也开始转移了，她开始整天忙碌于照顾她的孩子，照顾她的先生，处理家里的事情。这时，她再次给自己做了一个承诺，等孩子长大后，她一定要去巴黎玩。就这样，她的这个

梦就从高中到大学时代，从她工作到结婚生子，她的梦想也一直没有实现。

通过这个故事我们可以意识到，我们每个人，由于身处环境的不同而产生很多的梦想，这就是你初定的人生目标，但它是完全不成熟的，还需要你加工改造以及付诸行动。梦想，本身就是比较模糊的、短暂的，因而就具有比较强烈的不确定性。现实生活中的一些人，他们今天对自己的未来充满着憧憬，但也许一夜之间就忘得一干二净。对于你的人生来说，有一个多年的计划，如果这个多年的计划能够越来越集中的话，它就可以成为你的人生目标。

而只有目标能够帮助你，将这种梦想的不确定性消除，使你前进的道路变得有序和清晰，每一个阶段的任务都非常清晰地展现在你的面前，让你知道该如何去行动。

我们每个人的心中都有无数的欲望和梦想，但是并不是所有人都能够得偿所愿地脱颖而出，成为杰出的佼佼者。这其中的原因，大多是他们没有将这种欲望与梦想明确为具体的人生目标。

如何让你美梦成真，关键在于你对这个目标是不是拥有一种强烈的欲望。拥有强烈的欲望就是成功的一半，没有目标就没有前进的方向，没有方向也就无从规划自己的航程。

　　有人认为，其实在这世间上不论男女，80％的人的一生都只是一个躯壳，只有两成的人活得像模像样。事实上，能够勇敢地选择成功的人，最终其实根本不到两成，甚至也就是芸芸众生中的两个百分点，这也就意味着98％的人都选择了失败。这其中的重要标准，就是对于人生的策划和经营的能力。

　　"经营之神"松下幸之助说："成功的人生始于策划。"当一个人选择了对自己的人生进行认真策划的时候，基本上可以说就选择了成功。如果想成为一个成功者，就一定要预先规划，确定阶段性的明确目标。没有明确具体的奋斗目标，你最终只会一事无成，毫无建树。

　　目标明确了，对目标的实现时间也要有所限定。如果你没有限定时间，那么基本上就等于你没有确定什么有价值的目标。你将最终难免精神涣散、松松垮垮。只有具体、明确并有时限的目标，才具有行动指导和激励的价值，才会使你集中精力，开动脑筋，调动自己和他人的积极性以及潜力，为实现自己的目标而奋斗。

　　目标的实现，不光要有时间的限制，还要求你有所行动，没有行动的目标同样也等同于没有什么目标而已。

　　战国时期，有一位郑国人想周游列国。于是他便制订了

一个完整的游历计划，他甚至花了几个月的时间阅读他所能搜集到的各国资料。他研究了各地的风物人情，并以此为依据制定了相应的行程表，他甚至在地图上标出了要去观光的每一个地点。这个郑国人的一个朋友知道了他翘首以待的这次周游计划，于是在他预定回到郑国之后的几天，这位朋友来到他家里做客并问及他关于在周游列国途中的见闻。这位郑国人却回答说：我想周游列国本应该是不错的，可是我却根本没有出行。原来这位郑国人虽然踌躇满志地制订了计划，可是当他一想起那漫漫的旅途颠簸就受不了，所以干脆待在家里没有出去。

所以，无论如何的冥思苦想、苦心谋划，想要有所成就，那是绝对代替不了身体力行地去躬身实行的，那些没有实际行动的人，无论他们的计划制订得如何得完美，最终也难免是白日梦一场。

心法修炼

记住，一个人只要敢于大胆梦想，并对自己的信念坚定不移，就没有做不到的事情。只有你相信你的事业定会成功，一个美好的明天定会到来，那么创业的艰辛和今天的痛苦，对你

来说就不算什么。当然，有了梦想还需努力去实现。只有梦想而不去努力，最终还是不能成事的。只有实际的梦想加上脚踏实地去工作，最终才是有用的，才能开花结果。

明确目标，一往无前

美国短跑名将迈克·约翰逊，他为了挑战人类体能极限，在他的成功之路上也曾遭受了各种挫折，历经两次奥运的失败。但他没有放弃自己想成为世界冠军的目标，当他遇到重大挫折时，他会无数次地重复和努力，他相信他能再次站立起来。他在夺得亚特兰大奥运400米赛跑冠军时，有位记者这样形容当时的精彩场面："当枪声响起，他如飞而去，不一会儿就把所有的选手甩在后面。他专心一意地注意跑道，观众的喧哗声似乎从他的耳中渐渐退去，其他的选手好像也不存在了，眼前只剩下他和脚下的跑道，心中有一个自然的节拍在跳动着，他全神贯注在目标上。"

如果你认为只有特殊的重要人物才会拥有目标，那你就永远无法超越平庸的角色。每个人都有梦想的权利，梦想是简单而令人兴奋的，而目标就是我们要实现的梦想。没有目标，你就不会有进步，也不可能采取任何实践的步骤。且不说人要有长期目标，就拿一件最简单的事来说，假如你在今天没有明确要做的事情，那么你就会在今天稀里糊涂地过完一整天，没有一点儿收获。同样，一个人如果没有目标，没有对人生的规划，那么他这一生也会像这一天一样，没有任何价值。

有一位父亲带着他的三个孩子去打猎。他们来到森林。

"你看到了什么呢？"父亲问老大。

"我看到了猎枪、猎物，还有无边的林木！"老大叫道。

"不对。"父亲摇摇头说。

父亲以相同的问题问老二。

"我看到爸爸、大哥、弟弟、猎枪、猎物，还有无边的林木。"老二回答。

"不对。"父亲又摇摇头说。

父亲又以相同的问题问老三。

"我只看到了猎物。"老三回答。

"答对了。"父亲高兴地点点头说。

老三答对了，是因为老三看到了目标，而且看到了清晰的

目标。

　　每个人都要为自己的成功负责，你要么为它付出努力，要么什么都不付出；要么主动掌握这个过程，要么随波逐流、听天由命。因此，当你制定目标的时候，关键一点是要追逐一个你相信值得去追逐的梦想。只有你知道自己想要的是什么，通过设定现实可行、能够实现的目标，你就能避免挫败，而每一个小小目标的实现，都会让你更加自信。

　　世界一流效率提升大师博恩·崔西说："成功最重要的是知道自己究竟想要什么。成功的首要因素是制订一套明确、具体而且可以衡量的目标和计划。"

　　我们每个人都渴望成功，都渴望干自己想干的事，去自己想去的地方。但是要成功就要达到自己设定的目标，或是完成自己的愿望。否则，成功是不能实现的。成功就是实现自己有意义的既定目标。在这个世界上有这样一种现象，那就是"没有目标的人在为有目标的人达到目的"。因为没有目标的人就好像没有罗盘的船只，不知道前进的方向，有明确、具体目标的人才能像有罗盘的船只一样，有明确的方向。在茫茫大海上，没有方向的船只只有跟随着有方向的船只走。

　　美国哈佛大学对一批大学毕业生进行了一次关于人生目标

的调查，结果如下：27％的人没有目标；60％的人目标模糊；10％的人有清晰而短期的目标；3％的人有清晰而长远的目标。

25年后，哈佛大学再次对这批学生进行了跟踪调查，结果是：那3％的人，25年间始终朝着一个目标不断努力，几乎都成为社会各界成功人士、行业领袖和社会精英；10％的人，他们的短期目标不断实现，成为各个领域中的专业人士，大都生活在社会中上层；60％的人，他们过着安稳的生活，也有着稳定的工作，却没有什么特别的成绩，几乎都生活在社会的中下层；剩下27％的人，生活没有目标，并且还在抱怨他人，抱怨社会不给他们机会。

有目标未必能够成功，但没有目标的人一定不能成功。博恩·崔西说："成功就是目标的达成，其他都是这句话的注解。"顶尖成功人士，不是成功了才设定目标，而是设定了目标才成功。

1952年7月4日清晨，加利福尼亚海岸笼罩在一片浓雾之中。在海岸以西21英里的卡塔林纳岛上，一个34岁的妇女跳入太平洋中，开始向加州海岸游去。要是成功了，她就是第一个游过这个海峡的妇女，这名妇女叫费罗伦丝·查德威克。在此

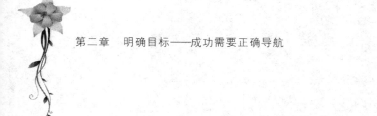

之前，她是游过英吉利海峡的第一个妇女。

那天早晨，海水冻得她身体发麻，而且雾很大，使她几乎看不见护送她的船。时间一小时一小时地过去，她一直不停地游。15个小时以后，她又累又冷。她感觉自己不能再游了，就叫人拉她上船。她的母亲和教练在另一条船上，他们都告诉她海岸很近了，叫她不要放弃。但她朝加州海岸望去，除了茫茫大雾，什么也看不到。

又过了几十分钟，她叫道："我实在游不动了。"人们把她拉上船。其实，她上船的地点，离加州海岸只有半英里!后来她说，令她半途而废的不是疲劳，也不是寒冷，而是因为她在浓雾中看不到目标。这也是她一生中唯一一次没有坚持到底的经历。

两个月后，她成功地游过了同一个海峡，她不但是第一个游过卡塔林纳海峡的女性，而且成绩比男子的纪录还快2个小时。查德威克虽然是一个游泳好手，但她也需要有清楚的目标，才能激发持久的动力，才能坚持到底。我们的生活同样需要有明确的目标，有了目标，你就能有更大的干劲，有更加持

久的力量。

所以说，拥有目标，知道自己的目标在哪儿，你才能走上正确的轨道，奔向正确的方向，并拥有强大的动力；有了目标，即使在做一件最微不足道的事情，也都会有意义。在工作中，往往有的员工没有目标，而使工作变得乏味，使生活也变得不再有意义。而有目标的人，在工作中总是能够创造价值最大化，获得更长远的发展。有目标的人会义无反顾地前进，他们不畏艰辛地追求自己的人生理想，尽管他们所追求的理想有时难以实现，但他们还是认为只要树立了目标，本身就有一种吸引力，让你不顾一切地去奔赴。相反，一个没有明确目标的人，就像一艘没有舵的船只，永远漂流不定，最终只能到达失败的港湾。

心法修炼

如果你想有所作为，你就必须明晰你到底想做一个什么样的人，或者说你到底想做成什么样的事情。你必须要有一个明确的目标，并把这个目标铭刻在心底，你心中所描绘的蓝图才有可能变成现实。

让目标变为实际行动

在第二次世界大战期间，一架载有一个作战小分队的军用运输机，在穿越敌人高炮阵地的时候受到了重创，迫于无奈，他们降落在缅印交界处的原始森林里。队伍重新集结后，摆在他们面前的唯一选择就是步行前往在印度的一个基地。然而此时正值8月份天气，原始森林的酷热和季风随时吹袭着这群疲病之卒。140华里的漫漫长途，他们能够顺利通过吗？

果然，在行军仅仅才一个小时，许多士兵的靴子就出现了麻烦。到了傍晚时分，更有许多士兵的双脚都出现了血泡，甚至有的士兵还出现了更为糟糕的情况。颓丧、失望的情绪弥漫在小分队里。一瘸一拐的士兵还能够继续翻山越岭、长途跋涉么？但是队长却完全不这么认为，他似乎精神还很好，甚至满面红光地对大家发表演说："孩子们，我知道你们现在都已经

疲惫不堪，但是就这整整的一个下午，我们就已经征服了三座
山头和两片沼泽地，你们不愧是最优秀的士兵，我真是由衷地
为能拥有你们而感到骄傲！那么接下来我们的任务就是继续征
服这几座山峰和丛林，只要征服其中的一个目标，那么我们的
胜利女神就向我们更近一步了。"他边说边在行军地图上指给大
家看。疲惫的士兵似乎也受到了队长情绪的感染，他们再一次鼓
起勇气朝着下一座山头走去。最终，这群士兵得救了。当"人
生教父"奥格·曼迪诺开始准备写一本25万字的书时，他的心绪
就一直不能平定下来，光是看到桌子上厚厚的稿纸，就让他感
到烦躁不堪了，他甚至几乎想放弃不干了。但后来他改变了策
略，他制订了一个每天写10~15页的计划，写作任务就进行得顺
畅多了。他所做的只要去想下一个段落怎么写，而不是简简单
单的下一页该去如何写，这样反而文思泉涌，欲罢不能了。

　　后来他又接了一件每天写一个广播剧本的任务，截止到目
前，他已经写了2000个剧本了。每当想起这段经历，他说如果
在这之前签一张"写作2000个剧本"的合同，那他一定会被这
个庞大的数目给吓倒，甚至会干脆把它推掉，好在只是一天写

一个这样的剧本，几年的积累也就真的写出这么多了。

　　显然，成功不是一蹴而就的，我们只能一步步走向成功。由此，我们也可以看出，当一个"大项目"是那样的庞大以至于难以完成的时候，我们就要小心谨慎地处理了。其实，一天完成一点事情，绝对不像事情的整个过程那么恐怖，因为正是把一个大的任务分割成若干细小的、易于消化的部分，这样就使我们每天的行动都能收到实效，从而鼓起更大的干劲。

　　拿破仑·希尔就在将目标变为现实这方面，为我们做出了好的榜样。1908年，年轻的希尔在田纳西州一家杂志社工作，同时又在上大学。由于他在工作上的杰出表现，被杂志社派去采访伟大的钢铁制造家安德鲁·卡内基。卡内基十分欣赏这位积极向上、精力充沛，有闯劲、毅力、理智与感情的年轻人。他对希尔说："我给你一个挑战，我要你用20年的时间，专门用在研究美国人的成功哲学上，然后得出一个答案。但除了写介绍信为你引荐这些人，我不会对你做出任何经济支持，你肯接受吗？"

　　年轻的希尔相信自己的直觉，勇敢地承诺："接受！"以至于若干年后，希尔博士在他的一次演讲中说："试想，全国最

富有的人要我为他工作20年而不给我一丁点薪酬。如果是你，你会对这建议说'是'还是'不是'？如果识时务者，面对这样一个荒谬的建议，肯定会推辞的，可我没有这样干。"

在卡内基对希尔的挑战中，包括了明确的目的——研究美国人的成功哲学以及达到目的的时限——20年。在卡内基的引荐下，希尔遍访了当时美国最富有的五百多位杰出人物，对他们的成功之道进行了长期研究，终于在1928年，他完成并出版了专著《成功定律》一书。与此同时，他又开始撰写《思考致富》，这本书于1937年出版。随后，他又将《成功定律》与《思考致富》两本书加以总结，得出成功学领域著名的17个成功定律，明确的目标正是这17个成功定律之一。而将目标变为现实的步骤是拿破仑·希尔亲身经历所得。

只有这样按部就班做下去，才是实现任何目标的唯一聪明做法。正如最好的戒烟方法是"一小时又一小时"坚持下去。其实现实生活中很多人就是用这种方法戒烟的，其成功的比例比别的方法都高。这个方法并不是要求他们立刻下决心永远不抽，只是要他们决心不在下个小时抽烟而已。当这个小时结束时，只需把他的决心改在下一个小时就行了，当抽烟的欲望渐渐减轻时，时间就延长到两小时、延长到一天，最终烟瘾被完全戒除。反观那些一时心血来潮一下子就想戒除烟瘾的人来说，他们心理上的感受就会特别沉重。一小时的忍耐很容易，可是要在那并不确定的"永远"都不抽就难了。

把你的每一个目标都写下来，只要你把目标写出来，就能使目标得到更多的关注和努力。把你的下一个想法，变成迈向最终目标的一个步骤，并且马上去进行。要知道把你的梦想放在脑袋里是没用的。

在美国一个小城的广场上，有一座老人的铜像在广场中心默默地矗立着。他既不是什么名人，也没有任何辉煌的业绩，他只是该城市一个饭店的极普通的服务员而已。他的一生没有说过一句赞美的话语，他只是凭借"行动"二字，在对客人提供的无微不至的服务过程中，让人感受到了终生难忘的热情，从而就使他平凡的人生得以永垂不朽了。

立刻行动吧！制定目标，变目标为现实，你会发现你离成功已越来越近。实际上，我们很多人也真的很明白一心一意追求目标的重要性，但日常太多的杂务经常扰乱原有的计划。

所以，我们心里也要时刻保持冷静。例如，你开车遇到"此路不通"或交通堵塞的情况时，不可能停着不动，当然也

不可能扔下车，自己回家。道路的暂时关闭只是表示现在无法通行，你可以从另一条路走到同样的目的地。当我们迂回前进时，并没有改变原来的目标，只是选择另一条道路而已，目的地是不变的。

不要拖延，你已经知道，你生命中的明确的主要目标要由你自己来确定。因此，为什么不尽快奔向你早已明确的目标呢？明确的目标是你自己制订出来的，没有人能代替，它也不会自己创造自己。

马上拟订一个实现目标的可行性计划，马上行动，不能再耽于"空想"。在你的有生之年，当"现在就做"的提示从你的潜意识闪现到你的意识里，要你做应该做的事情时，就立刻投入以适当的行动，这是一种能使你成功的良好习惯。这种良好的习惯是把事情完成的秘密，它影响到日常生活的每一方面。它可以帮你迅速完成应做的，但你不喜欢做的事，它能使你在面对不愉快的事件时，不至于拖延，也能帮助你做你想做的事，它能帮助你抓住那些宝贵的、一经失去便永远追不回的时机。

有了行动就有成功的希望，没有行动就永远没有达到目标的可能。

在一个英语学习班的报名现场，一位耄耋老者来到登记台

前。登记小姐问道："老人家，您是给您的孙子报名吗？"老人的回答却颇出乎小姐的意料，"不，是给我自己。"老人接着解释道："我的小儿子在美国找了个媳妇，他们每次回来说话都是叽里咕噜的，还要儿子做翻译，这样太麻烦了。""那您老今年高寿啦？"68。""可是老爷子，您知道吗？您要是想听懂他们说的话，这至少需要两年的时间啊，那时候您老都70啦！"老人听了登记小姐的话，笑呵呵地反问："姑娘，那在你看来要是我不学的话，两年以后就是66了吗？"

事实上，我们大多的思维都和这位登记小姐有相似之处。我们总是有这样的感觉，如果开始太晚的话还不如放弃更加明智。殊不知，只要我们开始行动，就永不为晚的道理。就像这个老人一样，不论他学与不学，两年之后都是70岁，而差别却是：要么他能够开心地与儿媳交谈，要么依然像木偶一样在屋子的角落里呆立着。

你还在犹豫些什么？立刻行动吧！制订目标，变目标为现实，你会发现你离成功已越来越近。不管你现在决定做什么事情，不管你设定了多少目标，不管你有多么可行的计划，你一定要向着目标立即行动。否则，一切将变得毫无意义。

心法修炼

　　有了人生的大目标之后，你最好能够把它化成每天要完成的任务。否则你的人生的大目标，就只能是一座海市蜃楼。一个看起来很大的目标，只要把它逐步细化为人生的中短期的奋斗目标，那么你每天的努力比整个过程的奋斗要容易得多。

第三章

调整心态——积极才能向上

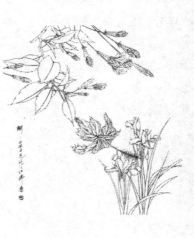

心态成就你的人生

　　父亲欲对一对孪生兄弟做"性格改造"，因为其中一个过分乐观，而另一个则过分悲观。一天下午，他把事先准备好的色泽鲜艳的新玩具放在屋子的地板上，给悲观的孩子玩，又把乐观的孩子抱进了一间堆满马粪的柴草房里。过了一会儿，父亲回到屋子里面却看到了悲观的孩子正泣不成声，便问："你为什么不玩这些漂亮的玩具呢？是不是想你的兄弟了？""不是的，我担心这些漂亮的玩具玩了就会坏的，那样我就不会再有这么漂亮的玩具玩啦。"孩子继续哭泣。父亲望着哭泣的孩子，轻轻地叹了口气。继而他又轻轻地走进了那间堆满马粪的柴草房，里面的情景让他感到吃惊，他发现那乐观的孩子正兴高采烈地在马粪里掏着什么。那孩子也发现了他的父亲，他扬了一下肮脏的小手，得意扬扬地向父亲说："爸爸，我想或许

马粪堆里还藏着一匹小马驹呢！"乐观者与悲观者之间，其差别是大相径庭的：乐观者看到的是油炸圈饼，悲观者看到的却是一个窟窿；乐观者在每次危难中都看到了机会，而悲观的人在每个机会中看到的却是危难。一位哲人说："你的心态就是你真正的主人。"一位伟人说："要么你去驾驭生命，要么是生命驾驭你。你的心态决定，谁是坐骑，谁是骑士。"

人生成败，在乎一心！失败者的最大败因，就在于他们总是抱着失败的心态去面对一切。冷漠、忧虑、自卑、恐惧、贪婪、嫉妒、猜疑……如同一道道"心墙"，阻隔着他们追逐成功的步伐。

我们在成长过程中，一定要调动自己的积极性，必须讲究思想上的学习，讲究精神力量。先进的思想是一种巨大的推动力，它能够推动人们去积极努力地工作。在调动自己积极性的过程中，注意提高对一些问题的认识，充分发挥精神力量的推动作用，这是激发自己工作热情和工作积极性的一条重要途径。

在充满竞争的职场里，只有自己才能帮助自己建立信心，激励自己更好地迎接每一次挑战。激励是一种自我心理行为，也是一种理念，让人向上，让人进取，助我们走向成功。

生活中难免有痛苦、折磨、贫困和艰难，但我们不应该被

这种表象或暂时的现象所困扰。我们应始终在内心保持一种乐观的精神。只要我们乐观起来，或者换一种思维角度去看待生活，即使是困难也能成为乐观的理由。人生重要的不是处于何种状态，而在于怀抱什么样的境界和依托。这就是人生密码的本质所在!

著名思想家戚杰尔说过："人们之所以能够完成一些看来似乎不能完成的事业，是因为人们一开始就相信自己能够做到。"由此可见，信念对于追求成功的巨大作用。

罗杰·罗尔斯是美国纽约州历史上第一位黑人州长，他出生在纽约声名狼藉的大沙头贫民窟。这里是偷渡者和流浪汉的聚集地，环境肮脏，充满暴力。然而，罗杰·罗尔斯就是在这种恶劣的环境下，不仅考上了大学，还成为了州长。后来一位记者问他是什么促使他最终能够问鼎州长宝座的，罗尔斯只是非常平静地谈起他小时候的一段往事.

他还在上小学的时候，他遇到了一位改变他一生的人——皮尔·保罗。那是在1961年，皮尔·保罗被聘任为罗尔斯所在小学的校长。当时，学校里的这群穷孩子们整天旷课、斗殴无所不为。但是皮尔·保罗并未因此而放弃他们，而是想了很多

办法来诱导他们。一个偶然的机会，他发现这群孩子都特别迷信，于是在接下来，他的课堂上就多了一项内容：给这些孩子看手相，以此来激励这群仍在迷茫中的孩子。

有一天，当小罗尔斯从窗台上跳下来的时候，皮尔·保罗就喊住了他，并拉着他的小手认真的看着，最后竟然尖着嗓子大声说："哦，罗尔斯，从你修长的小拇指我就可以肯定的知道，你将来就是纽约州的州长。"罗尔斯当时听了大吃一惊，因为长到这么大，还是只有他的奶奶曾经说过他可以成为小货船的船长，这就使他振奋了好一阵。可是这一次，皮尔·保罗先生竟然说他可以成为纽约州的州长，从皮尔·保罗先生认真的表情中，他深深地记住了这句话，并坚信这句话是真的。

也就是从那一刻起，"纽约州州长"就像一面旗帜引领着小罗尔斯，在那之后，他不再满身泥土，也不再满口污言秽语了。甚至在以后的40年时间里，没有一天不是按照州长的身份来要求自己的。一直到他51岁那年，他真的成了州长。

从罗尔斯的成功案例中，我们不难发现，一个人所处的环境和遭遇是否对他具有决定性的影响呢？答案明显是否定的。你要选择一条什么样的人生之路，这完全取决于你到底持有一

种什么样的人生信念。信念就如同指南针和地图，指引我们去实现我们的人生目标。那些没有信念的人，就好像是少了马达、缺少了舵的快艇一般。所以人生在世，必须得有信念的引导。信念会帮助你看到目标，鼓舞你去追求，激励你去创造你想要的人生。所以，如果你相信你会成功，信念就会鼓舞你走向成功；如果你相信你肯定会失败，那么信念也会引导你走向失败。

事实上，那些自我评价过低的人，他们真的很少能干成一件大事情。因为你的成就不会超过你的期望。如果你期望自己能成功，如果你要求自己干一番事业，如果你对自己的工作有更大的抱负，那么与那些自我贬低和对自己要求不高的人相比，你自然会更胜一筹。

爱默生这位妙笔生花的作家，曾经热烈地推崇乐观主义。然而在我们的眼里，他的生活甚至还没有我们平常人过的平安和幸福。他在几年的时间里，先后经历了妻子、儿子、兄弟相继病倒和去世，但他没有因为生活的打击而有所改变，他虽然也有过悲痛，但却仍挚爱着生活，所以生活中的痛苦，并没有影响到他的创作和他崇高的信念。他拥有着乐观的心态和达观的人生态度。

我们要想生活得快乐和幸福，我们首先要相信，我们来到这个世界上，就是为了要过卓有成效的生活，这一点很重要。这一信念会发展成为一种态度和习惯，并以此来对待生活和对生活的种种做出反应。我们可以快乐地生活，而且深信我们可以抵达这种人生境界。

做人最要紧的是心存信念，只要拥有信念，即便是身处寒冬，也能感受到春天的脚步；如果没有信念，即便是生活在幸福的天堂，也会过得索然无味。信念是人的生命得以闪光的火花，信念的火花一旦熄灭，人的生命就不会再有闪光点了。人的生命如不以信念为依托，就会逐渐萎缩以至枯槁。看看我们身边的人，也许他青春年少，也许他身体强壮，也许他学富五车，也许他腰缠万贯，但是，这并不能代表他们的心一定是活着的。心已经死了，做人也没有多大意义。只要拥有一个信念，那么心就不会死；心不死，思想就不会死；思想不死，人就永远是活跃的、生动的、前进的。不管我们的人生之路怎样，我们绝不能容许自己的信念有丝毫的动摇。

心法修炼

　　我们的心态在很大程度上决定了我们人生的成败：我们怎样对待生活，生活就会怎样对待我们；我们怎样对待别人，别人就会怎样对待我们。

热忱使你更杰出

拿破仑在离开巴黎就职后，得到的是3800名士气低落、缺粮少饷的"乞丐部队"。1796年4月10日，在他的部队总攻之前，拿破仑发表了热情洋溢的鼓动性演说，他甚至承诺，在战斗取得胜利之后可以任由士兵劫掠战利品。重赏之下必有勇夫，所有士兵的眼睛都睁圆了。这样拿破仑靠使用这种办法重新振奋了士气，再凭借着他卓越的领导才能，将一支"乞丐部队"变成了一支百战百胜的部队。拿破仑的鼓动性演说，最终竟使他的"乞丐部队"所向披靡。他所依靠的就是最大限度地发挥他部下的热忱。热忱最终也证明了是可以化作无穷的巨大力量的。

热忱并不是一个空洞的名词，热忱其实就是成功和成就的源泉。你追求成功的热忱愈强，成功的概率就愈大。热忱可使

你释放出潜意识的巨大力量。如果没有它，你就像是一个已经没有电的电池。

热忱是做人或做事都不可或缺的条件。没有热忱，军队无法取得胜利；没有热忱，人们不可能创造出今天如此丰富的物质生活；没有热忱，人们不可能征服自然界各种强悍的力量而成为万物的尊长。热忱是一种神奇的要素，它足以吸引你的老板、同事、客户和任何具有影响力的人，它是你工作成功的关键要素。对于我们现实生活中的人也一样，如果你对工作缺乏热忱，那么无论你从事什么工作，你都不会有突出的成就；做事如果总是平平淡淡的态度，就会在庸庸碌碌中了却此生，你的人生结局将和千百万的平庸之辈一样，无所作为。

当把热情和你的工作结合在一起，你的工作将不会显得那么辛苦和单调。在热情的鼓舞下，你甚至只需要休息很少的时间，就可以达到平时两三倍的工作量，而且还不会觉得疲倦。

一天晚上，拿破仑·希尔正专注地敲打字机，偶尔从书房窗户望出去——他的住处正好在纽约市大都会高塔广场的对面，看到了似乎是最怪异的月亮倒影，反射在大都会高塔上。那是一种银灰色的影子，是他从来没见过的。他仔细观察一遍才发现，那是清晨太阳的倒影，而不是月亮的影子。原来已经

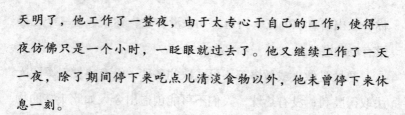

天明了，他工作了一整夜，由于太专心于自己的工作，使得一夜仿佛只是一个小时，一眨眼就过去了。他又继续工作了一天一夜，除了期间停下来吃点儿清淡食物以外，他未曾停下来休息一刻。

试想如果不是对手中工作充满热忱，而使身体获得了充分的精力，有谁能够连续工作一天两夜，而丝毫不觉疲倦呢？

同样一份工作，同样由你来干，有热情和没有热情，效果是截然不同的。前者使你变得有活力，工作干得有声有色，创造出许多辉煌的业绩。而后者使你变得懒散，对工作冷漠处之。

成功与其说是取决于人的才能，不如说是取决于人的热忱。热忱，使我们的生命更有活力；热忱，使我们的意志更加坚强。不要畏惧，如果有人愿意以半怜悯、半轻视的语调把你称为狂热分子，那么就让他这么说吧。源源不断的热忱，使你永葆青春，让你的心中永远充满阳光。让我们牢记这样的话："用你的所有，换取你工作上的满腔热情。"正因为如此，大多数功勋卓著的伟人就具备了这一点。人类最伟大的领袖，就是那些知道怎样鼓舞他的追随者发挥热忱的人。

我们知道拿破仑几乎征服了整个欧洲，但他发动一场战役只需要两周的准备时间，换成别人则一定做不到，历史也证明，很少有人能够做到。这中间的差别，正是因为他那无与伦比的热忱。战败的奥地利人目瞪口呆之余，也不得不称赞这些跨越了阿尔卑斯山的对手："他们不是人，是会飞行的动物。"拿破仑在第一次远征意大利的行动中，只用了15天时间就打了6场胜仗，缴获了21面军旗、55门大炮，俘虏15 000人，并占领了皮德蒙特。他的理想充满着把征服一切变为可能的激情。拿破仑的士兵，也正是以这样澎湃的热忱跟随着他们的长官，从一个胜利走向另一个胜利。

事实也是如此，一个热忱的人，就等于是有神在他的心里。热情也就是内心的光辉，如果将这种特质注入到你的奋斗之中，那么你无论面对什么样的困难，都将战无不胜。所以说，热忱是点燃生命的火种，热忱是照亮前程的心灯。激荡你内心澎湃的热忱，方能绽放光彩绚丽的人生！

热忱使人们拔剑而起，为自由而战；热忱使大胆的樵夫举起斧头，开拓出人类文明的道路；热忱使弥尔顿和莎士比亚拿起了笔，在树叶上记下他们燃烧着的思想；热忱使伽利略举起了他的望远镜，让整个世界为之震惊；热忱使哥伦布克服了艰难险阻，享受了巴哈马群岛清新的晨曦。因为热忱，人们在不断地革新和创造着这个世界。

拥有热忱，你就可以用更高的效率、更彻底地付出做好每一件事，你会觉得你所从事的工作是一项神圣的天职，你将以更浓厚的兴趣，倾注自己所有的心血把它做到最好；拥有热忱，你就会敏感地捕捉生活中每一点幸福的火花，体验快乐生活的真谛；拥有热情，你会以宽广的胸怀获得真诚的友谊，用你的爱心、你的关怀、你的胸襟创造和谐的人际关系；拥有热情，你就会以更加积极的态度面对生活，以高昂的斗志迎接生活中的每一次挑战与考验，以不屈的奋斗向自己的目标冲刺，用热情之火将自己锻造成一座不倒的丰碑。

伊尔说："离开了热情是无法做出伟大的创造的。这也正是一切伟大事物所激励人心的地方。离开了热情，任何人都算不了什么；而有了热情，任何人都不可小觑。"我们应将这份热情全身心地投入到工作中去，把它当作一种使命来完成它，以此发挥它最大的力量。

保持热情，会使你青春永驻，让你的心中永远充满阳光，更会让你保持对生命以及工作的乐趣。拿破仑·希尔说："若你能保持一颗热情的心，那是会给你带来奇迹的。"

心法修炼

热忱是这个世界上最大的财富。没有热忱，世界上没有一件伟大的事能够完成。热忱，它能激励人去唤醒沉睡的潜能、才干和活力，它是一股朝着目标前进的动力，它也是从心灵内部迸发出来的一种力量。其实我们每个人都会拥有热忱，所不同的是，有的人的热忱能够维持30分钟，有的人能够保持30天，但是一个成功的人却能够让热忱持续30年。

相信自己的能力

　　春秋战国时期，一位父亲和他的儿子同时应征入伍。几年后，父亲已做了将军，儿子还只是马前卒。一次大战前夕，父亲庄严地托起一个箭囊，郑重地对儿子说："这是家传宝箭，你只要将它带在身边，便会力量无穷，但千万不可抽出来。"

　　那确实是一个极其精美的箭囊，厚牛皮打制，镶着锃亮的铜边儿，再看露出的箭尾，一眼便能看出是用上等的孔雀羽毛制作的。儿子喜上眉梢，贪婪地推想箭杆、箭头的模样，眼前似乎浮现出箭声掠过，敌方的主帅应声落马的情景。

　　战场上，带宝箭的儿子果然英勇非凡，杀敌无数。当鸣金收兵的时候，儿子再也禁不住胜利的喜悦，一股强烈的欲望驱赶着他"呼"地一声就拔出了宝箭，试图看个究竟。可是当他拔出"宝箭"时，他简直惊呆了——一支断箭，家传宝箭竟然

是一支折断的箭。儿子吓出了一身冷汗，顷刻间意志轰然坍塌了。结果不言自明，儿子惨死于流矢之下。

故事中，那个儿子把自己的英勇无敌完全寄托在一支宝箭身上，这是多么愚蠢的想法。其实他自己才是那支箭，若要它坚韧，若要它锋利，若要它百步穿杨、百发百中，磨砺它、拯救它的都只能是自己。

正如在故事的结尾，当儿子发现宝箭是一支断箭，竟然顷刻丧失了杀敌无数的神勇而身死。生活中当一个人把生命的核心交给别人：如把希望寄托在儿女身上，把幸福寄托在丈夫身上，把生活保障寄托在单位身上，这是多么的危险！

美国作家欧·亨利在他的小说《最后一片叶子》里讲了个故事：病房里，一个生命垂危的病人从房间里看见窗外一棵树上的叶子，在秋风中一片片地掉落下来，病人望着眼前的萧萧落叶，身体也随之每况愈下，一天不如一天。她说："当树叶全部掉光时，我也就要死了。"一位老画家得知后，画了一片叶脉青翠的树叶挂在树枝上。最后一片叶子始终没掉下来。因为生命中的这片绿，病人竟奇迹般地活了下来。

有位作家这样说："自己把自己说服了，是一种理智的胜利；自己被自己感动了，是一种心灵的升华；自己把自己征服

了，是一种人生的成熟。大凡说服了、感动了、征服了自己的人，就有力量征服一切挫折、痛苦和不幸。"有许多人可能会抱怨自己的能力和条件，其实，这些不过是自己找的种种逃避的借口。我们看看生活中有多少人当初的条件尚不如我们，但现在他们都成功了。其实，人生最大的挑战就是自己，这是因为其他的敌人都是有形的，而唯独自己却是无形的敌人。如果我们不敢挑战自我，失去勇气，害怕失败，那么我们大多会在平平淡淡中了此一生。

记得我们年少时，志得意满，豪气冲天，但随着年龄的增长，我们却变得越来越容易满足。平稳的生活滋生出的惰性淹没了我们的理想。时常听到有人这样讲："我们比上不足比下有余，干吗不知足，还要冒险呢？"在这里，我们有必要提到安德鲁·罗文，那个成功把信送给加西亚的人。那是一个非常时期，那是一项非常重要而艰巨的任务，对于一个信使而言，他不知道过程和结果，甚至没有人知道收信人在哪里，但是他的责任就是想尽一切办法把信送到，因为这关乎战争的胜利、国家的荣誉。

这位名叫安德鲁·罗文的人，接过这封重要的信件就出发了，他没有问任何问题，也没有提出各种可能出现的困难。因

为这些问题，谁也没有答案，因为罗文只想完成任务，他知道领导者要的就是结果，而不是其他什么。没有完成任务，就是一个送信人最大的失职和不负责，尤其是作为一名军人，任务象征着一切。

这个故事已经过了一百多年了，人们记住的并不仅仅是一个名字，更重要的是罗文已经成为了一种象征，一名忠诚、敬业、负责任、能够主动工作的人的象征。对于今天的许多人而言，人们身上所缺乏的正是这样一种精神——忠诚、敬业、信用和责任。而只有那些能够"把信送给加西亚"的优秀的"送信人"，才是领导选材的不二人选。

我们所做的任何工作，都和送信一样，最终人们需要的不是你究竟在过程中付出了多大的努力，遇到了什么样的困难，而是你是否成功的完成了任务。虽然这多少有些以"成败论英雄"的残酷，但这也是现实，既然接受了领导赋予你的使命，有什么理由不尽全力去完成它呢？因为当你被赋予使命的那一刻，你的写信人已经认定你是最佳的送信人，你为什么不尽力去完成这个光荣的任务呢？

当领导给你一次表现自己的机会时，他也是在给他自己一次机会，他想看一看，他选中你作为送信人是不是正确的，他对你的信赖和器重到底值不值得。这种时候，有多少人能像安德鲁·罗文一样，没有问"他在什么地方"，"我该怎样才达到目标"。其实，问与不问的差别并不仅仅是一句话的问题，更重要的是一个人在工作中坚持一种什么样的态度。你是主动工作，还是被动接受安排？如果一个员工非要在领导的安排下开展工作，还不如领导自己亲自工作，那么领导还要你这个员工干什么？成功靠的是自己的努力以及在自己努力的基础上得到别人给你的机会，而且，成功的人不会抱怨外在的环境，而是积极寻找解决问题的方案。

心法修炼

成功的根本原因是因为开发了人类无穷无尽的潜能，只有你抱着积极的心态去开发你的潜能，你就会有用不完的能量，你的能力也就会越来越强。相反，不去开发自己的潜能，那你只有叹息命运不公，并且越消极越失败。

成功属于大胆行动的人

有一个人向一位思想家请教："您成为一位伟大的思想家，您认为成功的关键是什么？"思想家告诉他："多思多想！"

这人听了思想家的话，仿佛很有收获。回家后就躺在床上，两眼直直地望着天花板，一动不动地开始"多思多想"。

一个月后，这人的妻子跑来找思想家："求您去看看我丈夫吧，他从您这儿回去后，就像中了魔一样躺在床上一动也不动。"

思想家跟着那人的妻子来到他们家一看，只见那人已变得骨瘦如柴了。那人见到思想家来了，便挣扎着爬起来问："我每天除了吃饭，一直都是在思考。您看我离伟大的思想家还有多远？"

思想家问："那你整天都思考了些什么呢？"

那人道："想的东西太多，头脑都快装不下了。"思想家道："我看你脑袋上除了长满了头发，收获的全是垃圾！"

"垃圾？"

"只想不做的人，只能生产思想垃圾。"思想家干脆地答道。

成功不是一句空话，更不是什么口号，而是实实在在的行动。没有行动，成功仅是停留在幻想阶段。成功源于踏踏实实的行动。这是不容置疑的真理。

一个人要想得到发展，除了能干、会干外还要会表现，但更重要的还要会行动。一个人，只有采取了积极的行动才能带来积极的效果。

成功的职业之旅，就像是砍伐一棵大树，你无数次地挥舞斧头，每次看见的是一点点进展。看起来，似乎只有最后一击才让大树轰然倒下，但这是因为有了之前的成百上千次挥舞斧头，大树才能被砍倒。每次挥舞斧头，无论它当时的效果看上去是多么的微不足道，在整个过程中都是重要的。

北京通产投资集团老总陈金飞，他堪称是敢于大胆行动的人。他认为创业阶段是一个起步最为艰难的时刻，那时最需要勇气。

他的第一间办公室，是在北京郊外高碑店乡一个猪圈的后面。当时，陈金飞把大通装饰厂建在那儿，房子盖得很随便，房子的窗户不一样大，因为窗户是从外面捡来的。陈金飞就是这样盖起了车间和办公室。办公桌也是一个捡来的60厘米高的圆台，陈金飞又找到了一块木板钉了6个离地面只有20厘米高的小板凳，最气派的家具是一把老式竹椅。在这里，陈金飞接待了工商局的同志、税务局的同志和对陈金飞企业感兴趣的许多客人，其中包括外商。

创业初期，所有的一切都是陈金飞用自己的双手干出来的。没钱买设备，陈金飞就买钢材，边学边干，就这样做出了台板印花机。厂房设备有了，最大的问题就是没有生意。陈金飞当时心里很着急，天天骑着自行车到处找活儿。很多客户一看他们都是年轻人，又是私营，客气的人不理你，不客气的人干脆把你轰出来！那种感觉不亲身经历是无法用语言形容的，但陈金飞还是尽快调整心态去面对新的困难。

陈金飞的第一笔生意，也是最小的一笔生意，只赚了35元钱。这笔生意是他骑着自行车从先农坛体育场做来的，给北京篮球队印几件背心的号码。回来后他和工人们一起，不到10分钟就

干完了，35元到手。兴奋之余，陈金飞他们又集体失业了。

可就是在那样艰苦的条件下，他们居然在这猪圈后面谈成了第一笔涉外生意。外商是一位金发碧眼的漂亮女士，她是加拿大的纺织品进口商，要进口一批儿童服装。谈判时，陈金飞他们请客人坐在"最豪华"的竹椅上。那是在冬天，屋里没有暖气，特冷，竹椅又透凉，外商冷得受不了，也顾不得举止风度了，就蹲在竹椅上和他们谈，蹲累了就站在竹椅边上谈。最终外商跟陈金飞签了合同，这笔生意他们赚了十几万美金，他终于掘得了自己的第一桶金。

陈金飞认为，他的成功是因为有胆量和勇气去做他想做的事。建厂初期，陈金飞遇到的困难是难以想象的。如果没有胆量和勇气，没有冒险精神坚持下来，今天陈金飞就不会拥有这一切了。

还有一个美国发泡印花订单，当时这种发泡技术还没人掌握，就连国营大厂都不敢接，他们主要是怕麻烦，不愿意冒险。外贸公司问到陈金飞，陈金飞毫不犹豫地接了下来。合同签订了，还不知道怎么干。在接下来的日子里，陈金飞天天跑化工商店，请教工程师。通过多次的实验，陈金飞终于掌握了发泡所需的各种化学原料的配比和温度。那时也没有听说过发泡机，所以电吹风、电烙铁就成了工具。就在这样简陋的条件下，保质保量地做成了近百万元的生意。他们凭着敢于面对困难的勇气和敢于尝试新事物的胆量，掌握了发泡技术，并控制了近两年的时间。陈金飞从小本经营，大胆入手，创造了他的辉煌事业。

可见，许多取得成功的人士，他们不怕工作中的艰难险阻，他们知道一个人的表现能力并非是天生的，它一样也可以通过锻炼培养出来。不管他们现在决定要做什么事，不管他们现在设定了多少目标，也不管他们面临怎样的困境，他们定会立刻行动，而且肯定会大胆行动，因为他们坚信："没有金钢钻，也要敢揽瓷器活儿。"

人要有志，同时更重要的是要有为实现远大理想的实际行动，因为只有行动，梦想才能成真。

美国小说家、诺贝尔文学奖获得者海明威，青年时期在他父亲的教导下养成了喜欢实干不尚空谈的良好习惯。这些反映在他日后的创作过程中，塑造了无数推崇实干而不尚空谈的

"硬汉"形象。他甚至因此被称为"硬汉子"海明威。作为一个成功的作家，海明威有着自己的行动哲学。"没有行动，我有时感觉十分痛苦，简直痛不欲生。"海明威说。正因为如此，我们在读他的作品时，会发现其中的主人公们从来不说"我痛苦""我失望"之类的话。另外海明威之所以能写出流传后世的不朽著作，还在于他一生行万里路，足迹踏遍了亚洲、非洲、欧洲、美洲各洲。他的文章的大部分背景都是他曾经去过的地方，在他实实在在的行动下，他取得了巨大的成功。

心法修炼

世界上，一切成功者都是实干家。而那些爱空想的人，他们都是思想的巨人、行动的矮子。这样的人，只会为我们的世界平添混乱，自己一无所获，也不会创造任何价值。

自信没有终点

2001年5月20日，美国一位名叫乔治·赫伯特的推销员，成功地把一把斧子推销给了小布什总统。他因此获得了布鲁金斯学会"最伟大的推销员"的金靴奖。该学会创建于1927年，以培养世界上最伟大的推销员著称于世。该学院有一个传统，就是在每期学员毕业时，设计一道最能体现推销员能力的实习题，让学生去完成。而且有史以来最光辉的时刻是在1975年，该学会的一名学员，成功地把一台微型录音机卖给尼克松。克林顿当政期间，学会的题目是：请把一条三角裤推销给现任总统。8年间，无数学员都无功而返。克林顿卸任后，学会把题目换成：请把一把斧子推销给小布什总统。

鉴于前8年的教训，许多学员都"明智"地选择放弃了。然而，乔治·赫伯特却坚信，把一把斧子推销给小布什是完全可能的。于是他便给总统写了一封诚恳的信，说，有一次，我有幸参观您的农场，发现里面长着许多小灌木。我想，您一定需要一把小斧头。但是从您现在的体质来看，一般的小斧头显然并不适合您用。现在我这儿正好有一把我祖父留给我的老斧头，很适合砍伐枯树。假若您有兴趣的话，请按这封信所留的信箱，给予回复……最后，总统真的汇来了钱。乔治·赫伯特的故事在世界各大网站公布之后，一些读者纷纷搜索布鲁金斯学会，他们发现，在该学会的网页上贴着这么一句格言："不是因为有些事情难以做到，我们才失去自信；而是因为我们失去了自信，有些事情才显得难以做到。"

布鲁金斯学会在表彰乔治·赫伯特成功的时候说，金靴子奖已空置了26年，26年间，布鲁金斯学会培养了数以万计的百万富翁，这只金靴子之所以没有授予他们，是因为我们一直想寻找这么一个人，这个人不因有人说某一事不能实现而放弃，不因某件事情难以办到而失去自信。

由此可以看出，许多人的成功源于一个梦想，但并非所有的梦想都能变为现实。我们每个人都有许多绮丽美好的梦想，但只有那些100％相信自己的人，只有那些愿为梦想付出不懈努

力的人，才能享受到成功美酒的甘甜。

拿破仑的父亲是一个极高傲但是穷困的科西嘉贵族。他把拿破仑送进了一个贵族学校，在这里与他交往的都是一些在他面前极力夸耀自己富有、而讥讽他穷苦的同学。这使得小拿破仑感到非常的难堪和愤怒。

后来实在受不住了，便写信给父亲："为了忍受他们的嘲笑，我实在疲于解释我的贫困了，他们唯一高于我的便是金钱，难道我应当在这些富有、高傲的人之下谦卑下去吗？"

"我们没有钱，但是你必须在那里读书。"这就是他父亲的回答。正是因为如此，拿破仑才别无选择地又在那里忍受了5年。期间，那些富家子弟每一次的嘲弄，都使他增加了信心，他暗暗发誓要做给他们看看。

等他后来到了部队上时，更是发愤读书，这使他受益匪浅。他的长官看见拿破仑的学问很好，便派他在操练场上做一些工作。他工作得极好，于是他又获得了新的机会，就这样拿破仑开始踏上了权势的道路。从前那些嘲笑他的人，都涌到他面前来，希望成为他的朋友，甚至甘心做他的忠心拥戴者。

这里我们不妨想一下，假使他那些同学没有嘲笑拿破仑的贫困，假使他的父亲允许他退学，拿破仑或许当时就不会感到那么难堪，但是如此一来，还会成就后来的拿破仑么？历史是没有假设的，拿破仑当时也没有那样做，而是充满了自信要做到最好，给那些嘲笑他的人看。

显然，自信是所有成功人士必备的素质之一。要想成功，首先必须建立起自信心，而你若想在自己内心建立信心，自卑感就是你的大敌。你必须像洒扫街道一般，首先将你的自卑感清除干净。只有信心建立之后，你的机会才会随之而来。

《圣经》上说："能移走一座山的是信心。"信心不是希望，信心比希望要重要，希望强调的是未来，信心强调的是当下。信心不是乐观，乐观源于信心。信心不是热情，但信心产生热情。按照成功心理学因素分析，信心在各项成功因素中，重要性仅次于思考、智慧、毅力、勇气。自信人生300年，唯有自信的人才会有所成就。

人类体内蕴藏着无穷能量，当人类全部使用这些能量的时候，将无所不能。人的潜能是十分巨大的，在危难之际或者紧迫之时，人的潜能就可以爆发出来。世间无人知晓人体内到底蕴藏着多少能量，但是即使所知的那些，对于最专注人类行为的观察家们来说，也是不可胜数。这些能量的相当一大部分都

是超乎寻常的，退一步说，只要有一小部分发生作用，就使人们具有无止境的力量和潜能。那么，试想一下，当人能够发动全部能量的时候，一切会是怎样呢?

心法修炼

　　一个想当元帅的士兵不一定就能当上元帅，但是一个不想当元帅的士兵绝对当不上元帅。因为一个人不可能取得他并不想要或不敢要的成就。事实上，"能"和"不能"完全取决于你的信心，你认为你能，你就能。世上无难事，只要肯攀登。除非你确实反复试过，否则任何人无权对你说"不可能"。你一定要牢牢记住：在没有人相信你的时候，你得对自己深信不疑。一旦你开始退缩，你就永远踏不出成功的脚步。

磨难通向成功

　　一位心地善良的小朋友，在草地上发现了一个蛹，他便好奇地把蛹带回家中养了起来。过了两天，蛹壳上出现了一道小裂缝，妈妈告诉这个小朋友，里面会有一只漂亮的蝴蝶。于是这个小朋友便目不转睛地盯着这个蛹，可是过了几个小时，他发现里面的蝴蝶似乎被卡住了，一直出不来。他看着里面挣扎的蝴蝶似乎很痛苦的样子，于是便拿着剪刀把蛹壳剪开，帮助蝴蝶挣脱开蛹壳的束缚，可是他却发现这只蝴蝶身躯臃肿，翅膀干瘪，根本就飞不起来，不久就死去了。蝴蝶为什么会死去？原因是蝴蝶失去了成长的必然过程。蝴蝶的成长必须在蛹中经过"痛苦的挣扎"，直到它的双翅强壮了，才会破蛹而出。

　　人的成长也是如此，不经过挣扎、挫折、磨炼，是很难脱颖而出的。吃得苦中苦，方为人上人。吃苦贵在先，是人生的

一种本钱、一份财富。

孟子曰："天将降大任于斯人也，必先苦其心志，劳其筋骨，饿其体肤，空乏其身，行拂乱其所为。所以动心忍性，增益其所不能。"可见，唯有经过艰苦卓绝的努力，方能取得成功，有所作为。

台湾的电脑专家、诗人范光陵先生，在美国获得斯顿豪大学的企业管理硕士、犹他州州立大学的哲学博士，后来又专攻电脑，写出了《电脑和你》的通俗读本，畅销于台湾和东南亚。他又在国际上奔走呼号，推动成立了电脑协会，举办电脑讲座，召开电脑国际会议，到处发表关于电脑的演讲。由于他在这方面的杰出贡献，泰国国王亲自向他颁发电脑成就奖，英国皇家学院也授予他国际杰出成就奖。

就是这样一个大人物，在他刚到美国时，也是靠打工才熬下来的。刚开始的时候，他在一家餐馆做一份打杂的活儿，倒垃圾、刷厕所、洗碗盘……每天忙得团团转。在接下来的两年里他打过各种各样的工——收洗碗盘、做茶房端茶送水、卖咖啡、做小工、做收银员、售货员……

他曾穷到口袋里只有一分钱，一整天只喝清水、咽面包屑

充饥，但他仍然不停地思考着、探索着。功夫不负有心人，他挣了钱，上了学，读了研究生，终于走出了一条自己的路。

范光陵先生的事迹更加印证了在这个世界上，从来都是一分耕耘，一分收获。怕吃苦，图安逸，是成不了大事的。试想，哪位杰出人物不是吃得人间许多苦，方才奋斗出来的？

早在春秋时期，孔子就为读书人树立了一个榜样。孔子年仅15岁就立志苦读，学而不厌，发愤忘食，以至于到了"不知老之将至"的程度。孔子在晚年时还在学习《易》，居然达到韦编三绝的程度。

西汉时的匡衡，从小喜读书，但他白天要下地劳动，晚上想读书却又因家贫买不起灯油。于是他就在墙壁上凿一小洞，每天晚上借着隔壁射过来的一孔昏黄的光束苦读，直到人家把灯熄了为止。就凭着自己的勤奋刻苦，匡衡读完了许多借来的书。后来他听说本村"文不识"家藏有许多书，他就去他家做苦工，并称自己不要工钱，但要求东家允许他读家里的藏书就可以了。

古代像孔子、匡衡这样的勤学之士很多。明朝开国文臣宋濂小时候特别喜欢看书，但因为家贫，无法买书来读，他便向有藏书的人家借，自己把书抄写下来，到期时归还给人家。天

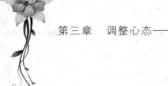

气寒冷的时候，墨汁都结成了冰，握笔的手指冻僵了，但他从未松懈过。宋濂跟随老师学习的时候，时常背着书籍，拖着鞋子，凛冽的寒风把皮肤都吹裂了，数尺深的大雪有时连脚都拔不出来。每次回到家里，四肢都僵硬得不能动弹，家人就用热水慢慢擦洗，并用被子裹住他，很久才能暖和过来。就这样，宋濂终于官至大学士承旨知制诰，主修《元史》，被公推为明朝开国文臣之首。

相反，古今中外的历史上，有几个纨绔子弟能有所成就呢？就拿美国的杜邦家族来说，这个家族是美国的亿万富翁。豪华别墅、专用飞机、游艇和高级小轿车，家里应有尽有。然而，如此条件优越的家族的后代，却大都是平庸之辈。他们的精神世界甚至苍白空虚，有时竟然无聊到专门搞恶作剧，用绒布做食品馅招待贵客或把数吨水泥散堆在邻居门前。他们躺在先人的财富上寻欢作乐，意志必然会颓废堕落。

所以要想做出成就，就必然要付出比别人多几倍的努力。我们身边其实有许多优秀的人，他们即不缺乏情商又不缺乏智商，然而他们缺少的是吃苦的精神。这显然不是社会的责任，也不是环境的影响，而是自己的责任。

生活中，年老而遭受艰难困苦是不幸的。然而，在少年时

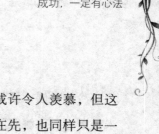

未经历艰难困苦也是不幸的。享乐在先，或许令人羡慕，但这只是一段过程，不会永远乐下去。而吃苦在先，也同样只是一段过程，不会永远苦下去，走到终点便是甜。只有趁青春时期为创业历经磨难，才能在年老时享受甜美的果实。

心法修炼

古今名人，无不是在逆境中奋发而一鸣惊人、出人头地的。而逆境，也是锻炼一个人的意志和心境的一种途径，优胜劣汰，有能力的人崭露头角，无能的人则埋没于历史。当然，我们吃苦，也要有智慧，现在的苦是在积蓄能量，为以后的暴发做准备。只有吃过苦了，才会知道这个道理，才会去珍惜眼前拥有的，才会去继续奋斗。

用快乐去拥抱生活

有一位女士，她要参加一个非常重要的Party。在出席之前，她颇费心机地想要为自己设计一个完美的形象，呈现在众人面前。一番梳妆打扮之后，终于全身珠光宝气、熠熠生辉的贵妇人出现在朋友的晚宴上，可不协调的是她的面孔却还是像平时一样冰冷得可怕。直到宴会结束，她发现宴会上的人也都是用同样冷漠的态度来对待她，这让她难过极了。

其实，这位贵妇根本不了解别人的心思：其实灿烂的笑容，要比那些华丽的衣饰和贵重的珠宝更能显示你迷人的魅力，从而博得大家的好感。快乐可以给人带来好感，使人感到愉悦，快乐因此也能给你带来幸福的满足感。用快乐的心态对待生活，生活就会永远充满阳光。快乐地生活着，你的烦恼就会越来越少，这个世界也会因此而变得更加美好。

生活中的大多数人，一生热衷于追求财富、权势、声誉，

我们甚至很少听人说："我一生都在追求快乐。"因为在一般人的印象之中，当他们得到财富、权力、名誉、地位之后，快乐也就会随之而来了。不过，少数"幸运者"等到他们耗费毕生力气将这些追到手之后，才恍然大悟，快乐非但没有来，反而换来了痛苦。

纵观那些事业有成的人，他们都有一个共同的特点，那就是他们对自己的工作怀有深深的热忱，他们总是用快乐的心情对待自己的工作。事实上，也正是如此，当你以快乐心情工作时，你的工作就会做得更为出色，你也就更容易获得成功。

有这样一个在麦当劳工作的员工，他每天的工作就是给客人煎汉堡。但是他并未因每天的工作是如此的枯燥乏味而懈怠，相反他每天都很快乐的工作，尤其在给客人煎汉堡的时候。许多顾客看到他心情愉快的煎着汉堡，都对他为何如此开心感到十分好奇，便问他："是什么事情让你感到如此愉悦呢？"

这名员工满面春风地对客人说："在我每次煎汉堡的时候，我便会想到，如果点这汉堡的人可以吃到一个精心制作的汉堡，他的心情也会好起来，每次想到这里我都要求自己要好好地煎这个汉堡，好让吃到汉堡的人能感受到我带给他们的快乐。每次我看到顾客吃了之后十分满足，并且神情愉快的离开时，我便感到十分高兴。因此，我把煎好汉堡当作是我每天工作的一项使命，要尽全力去做好它。"

顾客们听了他的回答之后，都感到非常的惊异和钦佩。他们回去之后，就把这件事情告诉周围的同事、朋友或亲人，这样一传十、十传百，很多人都专程来到这家店，专门吃他煎的汉堡，同时看看这个"快乐的煎汉堡的人"。

公司很快得知了这一情况，他们一致认为这样一名怀有热情、工作态度积极的员工是绝对值得奖励和栽培的。不久，"快乐的煎汉堡的人"便被提升为地区经理了。

这个煎汉堡的人，他的工作可以说是普通得有点单调乏味了，可是我们这位可爱的员工却把"做好每一个汉堡，让顾客吃了开心"，当作是自己的工作使命。对他而言，只有这样做才是有意义的，所以他满怀信心、热情并且快乐地去做好这份工作。

如果我们也能像他一样，把每件简单的工作都提升为自己的人生使命，力求把它做得更加得完美，那么我们的成就感和信心就会愈来愈强，工作也会愈来愈顺畅。当别人看到我们热忱地、全力地把工作做好时，自然会有感受，机遇也就多起来。

我们应该尽可能地面带微笑去面对生活，只要你这样做了，你将会发现由于微笑给你生活带来了改变，你也将由此变成一个幸福快乐的人。

在骄阳似火的建筑工地上，有三个砌砖工人正在砌砖，"智者"问其中一个工人说："你在做什么？"这个工人没好气地说："没看见么？我在砌砖！"于是他转身问第二个工人："你在做什么呢？"第二个人说："我在建一幢漂亮的大楼！"这个人又问第三个人，第三个人嘴里哼着小调，欢快地说，"我在建一座美丽的城市。"

你是否也被第三个人工作的态度所感动呢？试想一下，如果都像第一个人，整天愁苦地面对自己的工作，那样最终能有什么好的成效呢？而同样简单重复、枯燥乏味的平凡工作，第三个工人却能以快乐的心情面对，在快乐中工作，以积极的心态去面对平凡的工作。

其实，快乐和痛苦，都是由自己造成的。只有那些善于发现快乐的人，他们才能在看似平凡的生活中随时都能找到快乐的种子。而那些整天忧愁的人，尽管他们身边有许多快乐，但他们却总是视而不见。

我们周围有很多人，当他们下了班之后，就像个泄了气的皮

球，整个人瘫坐在电视前面，要不就是沉溺在虚幻的网络游戏当中，生活得很无奈。所以说，要找快乐，就要懂得做出选择，看你究竟把什么摆在第一位？权力、名声、财富，还是快乐？

快乐与哀伤就像两条并行的铁轨，在我们的一生当中，忧苦的时候比快乐的时候要多得多。但是，话虽如此，也并不是要求我们就得过哀哀戚戚的日子。仔细想想，在我们的周围，每天都会听到一些坏消息，这些消息已经让我们无所逃遁，那么为何不去找一些令人振奋的事情呢？物质上如果保持恬淡，精神上就能有更大的空间去丰富它。我们常叹，人生无奈。总是有牵扯不完的琐事，不是担心这个，就是担心那个。在短暂的生命中，每个人应该留一些空间做自己想做的事。因为快乐存在于人们为达到目标的奋斗之中。

心法修炼

快乐是一种生活的态度。假使一个人一辈子有钱、有权、有名，却没有快乐，仍旧只能算是虚度此生。快乐的人很有智慧，快乐的人活得很有味道、很潇洒、很豁达。快乐的人非常清楚如何安排生活。不快乐的人，每天睁开眼睛总是怀疑地自问："我究竟要干什么？"

把信念融入每一件小事中

日本松下电器公司是日本最大的综合性电子技术设备制造厂家。其前任社长山下俊彦，在他的10年社长任内，松下电器成功过渡到生产电子科技产品的新领域，成绩斐然。

山下俊彦身材矮小，相貌平凡，高度近视，但就是这样一位年过花甲的老人却始终保持着旺盛的精力。他神采奕奕，步履轻盈，举手投足间无不显示着他高度自信的风采。那么缘何一位老人能够保持如此好的状态呢？他的秘诀就是数十年如一日，从不间断地慢跑锻炼。

山下俊彦总是每天清晨4点起床，然后做一个小时的慢跑，而且每次都要跑到全身汗水湿透。洗完澡，喝一小杯水，再睡个回笼觉，他才去上班。

之所以这样做，山下俊彦有自己的解释："我的应酬频

繁，酒喝得多，如果运动量不够的话，酒精积存下来，是会中毒的，所以每天必须慢跑，以汗水来洗澡。"

很多时候，我们都深陷在"事大义而不顾小节"的处事误区之中。我们并不曾意识到，平凡的累积就是不平凡的道理。就像我们大家都知道，健康之道，无非天天运动而已。但像慢跑这么平凡的一件事，倘若能持续10年的话，就会变成不平凡的事了。但试问，天下之大，能够持之以恒、每天运动的又有几人呢？这或许就是山下俊彦取得成功的原因之一吧。让我们再来看另外的一个故事：

有三个人去一家公司应聘采购主管。他们当中一人是"皇家"大学毕业的，一名毕业于某省商学院，而第三名则是一家民办高校的毕业生。在很多人看来，这场应聘的结果应该是很容易取舍的了，然而事情的结果可能与你的想象恰巧相反。公司在经过了一番测试后，留下的却是那个民办高校的毕业生。

这里有必要提一下的，还是那个招聘公司总经理的面试题目：假定公司派你到某工厂采购4999个信封，你需要从公司带去多少钱？

几分钟后，应试者都交了答卷。

一名应聘者的答案是430元。

总经理问："你是怎么计算的呢？"

"就当采购5000个信封计算，可能是要400元，其他杂费就算30元吧！"答者对答如流。

但总经理却未置可否。

第二名应聘者的答案是415元。

对此他解释道："假设5000个信封，大概需要400元左右，另外可能需用15元。"

总经理对此答案同样没有表态。

但当他拿到第三个人的答卷，见上面写的答案是419.42元时，不觉有些惊异，立即问道："你能解释一下你的答案吗?"

"当然可以，"该同学自信地回答道，"信封每个8分钱，4999个是399.92元。从公司到某工厂，乘汽车来回票价10元。午餐费5元。从工厂到汽车站有一里半路，请一辆三轮车搬运信封，需用4.5元。因此，最后总费用为419.42元。"

总经理不觉露出了会心地一笑。

这个故事告诉我们，你必须要把自己的信念融于你的每个行动之中，哪怕那件事是多么的微不足道。但是回想一下当我

们着手做一件小事情时，是否也曾有一种信念贯穿其间呢?

任何大事都是由细微的小事构成的，那么我们的信念也必然要融入在每一件小事中。愚公移山、精卫填海的故事是大家所熟悉的。人们敬佩的正是那种把信念融于每一个行动之中，不屈不挠、顽强奋斗的精神。虽然在高科技迅猛发展的时代里，我们不可能再采用愚公和精卫的方法，但他们的那种可贵精神，却是永远值得我们学习的。

有"聪明人"对"只要功夫深，铁杵磨成针"这一流传千年的俗语进行置疑，在他们看来，只有那些笨人才会赞赏这种笨功夫，花费那些时间去磨针远不如去买一根更划算。那么我们就假设这句成语说的是一个事实，而不是一个比喻，我们也不应该随意地否认它，因为它的含义不仅在表面的"功夫"二字，而是"功夫"中所蕴含的那种勇气与信念。

心法修炼

只要你持续不断地努力，你就能够战胜一切困难，克服一切障碍，完成一切任务。一点一点地来，你就能完成那些似乎"不可能"完成的任务。哪怕是那些最顽固的买方，在你不屈不挠的坚持下，他们也会最终改变心意下订单给你的。

第四章

积累人脉——关系良好，事业顺畅

要想沟通并不难

　　春秋战国时期，耕柱是一代宗师墨子的得意门生，不过，他总是受到墨子的责骂。有一次，耕柱又受到了老师的责备，这让他觉得非常委屈，因为在众多门生之中，自己是被公认为最优秀的，但又偏偏总是遭到墨子的指责，这让他感到十分的难堪。是不是老师对自己有什么其他的看法呢？于是他便找到老师，想要一问究竟："老师，难道在这么多学生当中，我真的是如此卑劣，以至于要时常遭到您老人家的责骂吗？"

　　墨子听了耕柱的问话，并没有做正面的回答，而是反问道："耕柱，你想一下，假设我现在要上太行山，依你看，我应该要用良马来驾车，还是用老牛来驾车呢？"

　　耕柱听了老师的这个问题，感到很诧异，但他马上回答说："就是再笨的人也知道要用良马来拉车啊。"

　　"那么，你为什么不选用老牛呢？"墨子又发问道。

　　"理由非常简单，因为良马足以担负重任，行动迅速，更加值得驱遣。"

　　墨子点点头说："你答的非常正确，我之所以时常责骂你的过失，也是因为你能够担负重任，值得我一再地教导与匡正你罢了。"在这个故事里，开始耕柱面对墨子的"诘难"似乎都颇有想法了，他甚至已经认为这都是老师在有意地刁难他。然而，直到他和老师做了一番推心置腹的交谈之后，他才最终发觉了老师的一片苦心：老师是通过磨炼对他刻意地进行栽培提携。

　　由此可见有效沟通的重要性。故事中，如果耕柱没有这次有效的沟通，他是不是一直会误认为老师对他有意刁难而离去呢？幸而他没有这样做，而是面见老师提出了自己的疑惑，最终察知了老师的一番苦心。所以，这个故事告诉我们要想沟通并不难，这很容易做到。

　　现代生活，拥有丰富多彩的人际关系，是每一个现代人的需要，可是现实生活中很多人总是慨叹这个世界缺少真情，他们总是认为自己生活在清冷的孤独当中。或许他们从来没有

意识到他们之所以缺少朋友，完全是因为他们在人际交往中总是采取消极、被动的交往方式，他们总是幻想着别人的友谊能够从天而降。就是在这样的思想支配下，他们虽然生活在一个人来人往的现实生活当中，但却仍然无法摆脱心灵上的空虚寂寞。

心理学揭示，影响人们积极主动的交往，而转为被动退缩的交往方式，主要是由下面两个原因造成的。

一是人们对主动交往的误解。比如，有人认为"先同别人打交道，会降低自己的身价"等等。也正是这些想法在人们的头脑中作怪才使得我们失去了很多结识别人、发展友谊的机会。

二是担心自己的主动不会引起对方的积极响应，从而让自己陷入一个非常窘迫的境地之中。实际上，我们每一个人都有交往的需要，因此大可不必担心会出现我们积极主动，而别人不予响应的情况。比如在旅行的车厢里，基本都是4~6人坐在一个隔间里，如果在这当中至少有一个是主动交往的人，那么这里的气氛就会立刻升温，一路上将会充满欢声笑语。相反，如果这几个人中没有一个愿意主动和其他的人交往，那么从起点到终点，他们就会始终处在无聊、尴尬的气氛当中。其实，与其如此尴尬的面面相觑，还不如主动地和别人招呼，以此换得

一路的不寂寞，这不是很值得吗？

　　当你还因为某种担心，而不敢主动同别人交往的时候，尝试着主动和别人打招呼、攀谈，不断地尝试，你就会发现人际交往其实就是如此简单。

　　或许我们常为交往中的谈论话题而感到为难，其实这是很容易办到的，你只要知道，最好的交往方式是先找到一件与谈话对象有关的事即可。哪怕是墙上的一幅画、桌上的一个手工制作的笔筒或是倚在墙角的高尔夫球杆，这些都可以作为话题。你可以表示感兴趣、钦佩或是关注。或干脆开始你们的交谈："你墙上那幅画好漂亮，是出自哪一位名画家之手啊？"或是："好精致的笔筒，是你孩子的杰作吗？"或是："高尔夫球？那不是很难学会么？"这些看似简单的问题，其实最能表示出你对他本人的兴趣和尊重。甚至可以这样说，你对他人表示感兴趣，是人际关系的基础所在，代表"你对我很重要，我有兴趣"。面对这样的情形，很少有人会对此毫无反应的。所以，在复杂的人际关系中，真诚的关心他人，绝对是最有效、最有价值的沟通方式。

　　在《圣经·旧约》中有这样的一个故事：人类的祖先最初讲的是同一种语言。他们在一块异常肥沃的土地上定居下

来，修起城池，建造起了繁华的城市。后来，他们的日子越来越好，人们也为自己的业绩感到骄傲，他们决定修建一座通天的高塔，来显示自己的伟大力量。因为大家语言相通，齐心协力，开始时通天塔修建得很顺利，很快就耸入云端了。上帝见到人们如此强大，心想人们又拥有同样的语言，日后还有什么事情办不成的呢？于是，上帝决定让人世间的语言发生混乱，使人们互相语言不通。于是，人们就各自讲起不同的语言，感情无法交流，思想很难统一，还出现互相猜疑，甚至争吵斗殴。人类合作的力量最终消失了，通天塔也半途而废。

所以，如果人们之间没有交流沟通，就很难达成共识；没有共识，就不可能有协调一致的默契；没有默契，就不能发挥集体力量的威力，也就失去了建立团队的基础。

现实生活当中，人际关系，更主要地表现在员工与领导之间的相处艺术上。新一代的成功法则是：要会干，要能干，还要学会表现。传统的观念认为，身为员工只要做好本职工作就足够了，然而，无数事实证明，这种观念是极端错误的。人与人之间的好感，是通过实际接触和语言沟通才能建立起来的。员工只有主动跟老板切实有效地接触，才能将自己的意愿表达清楚，才能让领导认识到你的工作能力，从而你才能有更多被赏识的机会。

因此，我们若想工作有所成就，就要与领导主动沟通，缩短我们与领导之间的心理距离。让自己更懂得领导，也让领导更懂你。

心法修炼

有效的沟通带来理解，理解则带来合作。反之，如果不能很好地沟通，就无法理解对方的意图，而不理解对方的意图，也就不可能进行有效的合作。

构建自己的关系网

美国有句谚语说得好："每个人距总统只有六个人的距离。"细细品味一下，你会发觉这句话极富哲理性：生活中我们肯定会认识一些人，这些人或是我们的亲人、朋友，他们肯定也有自己固定的生活圈子，除了你之外，他们必然也有他们所熟悉的一些人……这种连锁反应一直延续到总统的椭圆型办公室。而且，如果你仅仅距总统六个人的距离，那么你距你想会见的任何人也就都是只有六个人的距离，不管他是一家公司的CEO，还是好莱坞的名导演，还是你想让其加入你的团队并支持你的俊才。关系网，在生活中似乎带有贬义的色彩，但这种理解绝对是片面的。其实关系网本身没有错，它是中性的，关键看它是怎样建立起来、怎样运用的。如果建立关系网不违背一定的道德标准，运用关系网也没有超出法律制度的规定，那么这样的关系网又何罪之有呢？

大凡成功人士，大多是有关系网的人。在他们的这张网络上，由各种不同的人所组成：有过去的知己，有新近结识的朋友；有男人，有女人；有前辈，有同辈或晚辈；有地位高的社会精英，有地位低下的贩夫走卒；有不同行业、不同特长的人……这样的关系网，才是一张比较全面的网络，也就是说，在你的关系网中，应该有各式各样的朋友，他们能够从不同的角度为你提供不同的帮助；当然，你也要根据他们不同的需要，为他们提供不同的帮助。这才是关系网应当具有的特征。

　　关系网既然是一种"网"，就应当具有网的特点。即在这张网上的朋友构成应当有点有面，分布均匀。实际上，大多数人交友却不是这样，他们结交的范围十分狭窄，他们一般只在自己熟悉的范围内认识一些人。这样就构不成一张标准的关系网了。

　　当然，不同的行业和不同的爱好，会对交友形成较大的影响。如果你是一名教授，你结交的学者朋友就是你的关系网中最集中的人群；如果你是一名工人，那么你周围的许多朋友大多数也是工人；其他各行各业也大体如此。这就是我们在编织关系网的时候，常常遇到的局限，这种局限关系到日后自己关系网的"使用价值"和质量。假如你是一名工人，你有没有提

高自己文化水平的必要呢?回答必然是肯定的。那么，你当然也有必要多结交一些知识界的朋友了。否则，你将很可能会遇到很多仅靠自己的能力很难克服的困难。

人们常说的优势互补，在关系网中，你有这方面的优势，可能在那方面就存在一定的劣势。比如，你会做生意，但你未必会在通信网络等方面精通，那么你不精通的领域，或者你根本不懂的领域，就需要在那些方面精通的人的帮助。如果此时你的"朋友结构"过于单一，就难以做到这一点。所谓优势互补，说的就是这个道理：你用你的优势去弥补他人的劣势，并以此换取他人以自己的优势来弥补你的劣势。这就要求我们在择友的时候不能太单一，不能完全局限于自己的同行或具有共同爱好和兴趣的人。你必须要刻意清醒地认识到正是因为你在某一方面有特长、有爱好、有优势，才要有意地结识另外一些与你的特长、爱好、优势有差别的人。这才更符合关系网的结构和原则。

建立"关系网"最基本的原则就是：不要与人失去联系。那种只有遇到麻烦才想起别人的做法，是绝对不可取的。"关系网"正如一把刀，只有常常磨砺才不会生锈。若是你和你的朋友半年以上不曾联络，那你很有可能已经失去这位朋友了。

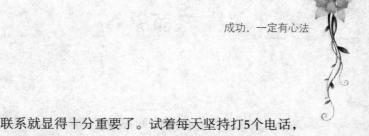

因此，主动联系就显得十分重要了。试着每天坚持打5个电话，你不但能够维系旧情谊，还能扩大自己的关系网。

很多人似乎还认为，一旦关系好了，就不再觉得自己有责任去维护它了，特别是在一些细节问题上。例如该通报的信息不通报，该解释的情况不解释，总以为"反正我们的关系好，解释不解释无所谓"，结果日积月累，彼此双方形成了难以化解的矛盾。甚至还有更糟糕的，是人们在关系亲密之后，总是对另一方的要求越来越高，总认为别人对自己的好是应该的。稍有不周，就大放厥词。这样也会对双方的关系带来损害。可见"感情投资"不是一劳永逸的，而是一个经常性的过程，这就要求我们善待每一个人，从小处、细处着眼，时时落在实处。

生物学家发现，往水库中放鱼苗时，如果一瓢舀10条鱼，这10条鱼从放入水库到长大被捕捉时为止，是不会轻易离散的。如果是100条，那么只要它们不被捕获或死亡，就始终是在一起生活。如果是3条，那么这3条也将会自始至终生活在一起，它们既不轻易吸收其他的鱼进入这个生活圈子，也不会有任何一条鱼轻易脱离它自己的生活圈子。对于鱼类来讲，它们只有相依为命，才能共同去进行一生的探险，它们对任何外来

的鱼都保持着高度的警惕和不信任。

　　一个人的生命不应该是一个孤立的存在，人在这方面也具有与鱼类相似的集群性。

　　一个青年人走向社会后，在三五年内便会建立一个朋友圈子。这个最初建立起来的朋友圈子，将是他一生交往和主要活动的范围，即使有人偶尔脱离了这个生活圈子，不久也会再回到这个圈子中来。这个圈子一旦形成，即使有人出人头地，有人一文不名，也不影响圈子的牢固性。社会地位很高的人，仍然喜欢和圈子内社会地位很低的人亲密交往，他们会把圈子内社会地位很低的朋友看得比圈外的人更重要。因为在朋友圈内，没有世俗的高低贵贱之分。

　　要建立一个好人缘，织起一张人际关系网，你必须积极主动。光有想法是不够的，必须将它化为行动。爱护朋友，应像爱护自己的眼睛一样，珍惜朋友之间的友谊应像珍惜自己的生命一样，损害朋友的利益就像挖掉自己身上的肉一样，背叛、出卖、坑骗朋友则无异于自杀。

　　在社会关系中，似乎还有一类比较有趣的现象，那就是机遇似乎更乐于垂青那些广泛与人交往的人。事实上也正是如此，那些交往广泛的人，他们遇到机遇的概率很高。其实有许

多机遇就是在与朋友的交往中出现的，有时甚至是在漫不经心的时候，朋友的一句话、朋友的一个手势等都可能化作难得的机遇。在很多情况下，朋友的推荐、朋友提供的信息和其他多方面的帮助，人们才获得了难得的机遇。因此，从这个意义上说，交往广泛，机遇就多。但是在交往过程中切忌急功近利的思想，虽然有许多机遇是在交往中实现的，而在最初的交往阶段，人们很可能没有看到这种机遇。在这个时候，不要因为没有看到交往的价值，就冷漠这种交往。谁也不敢肯定，这种交往或许会带来更大的机遇呢！

牛顿曾经说过："我之所以比别人站得更高些，是因为我站在巨人的肩膀上。"这句话我们也可以理解为每一个伟大的成功者背后，都有另外的成功者。没有人是自己一个人达到事业的顶峰的，一旦你许诺自己要成为出类拔萃的人，你就要开始吸收大量对你有帮助的人和资源。而其他各方面有所建树的人，是你所有资源中最大的资源。你要做的就是找到他们，构建有助于你的事业的"关系网"。

"如果你没有一个非常出名的名字，那就借用一个。"哈威·迈凯认为，当你或是你的产品无人知晓，而你又要将你的产品推销给其他人时，关键的推销策略就是与其他出名的人联系在一起。

　　想想你认识并有业务联系的每个人，设计一个计划，最有效地利用你的这些关系。当然，为了使人们更加容易地帮助你，如果你想让他们帮你写封介绍信，那么你就应当打好草稿，你的草稿将节省他们很多的时间，因为他们不用再构思怎样写这封信了。当你寄这封信给他们的时候，附上一个写上你自己地址的回邮信封，这样许多人就都会非常乐意帮助你了。或是发封电子邮件，这种方法现在可以容易、便捷地与某个大学的教授、某个公司的总裁等各种各样的人建立起直接的联系。请求他们向你推荐可能帮助你的人，或给你提供其他的资料。即使是比尔·盖茨，你也能通过电子邮件找到他。充分利用现代的通信技术，而且最重要的是现在就开始行动！你不会损失任何东西，而且每一步都将使你更加靠近你的目标。你必须要做到的，就是不要害怕提出请求，如果你不请求，他们也不会主动地来帮助你。

　　关系网不是魔术般建立起来的，它需要多年时间和精力的投入才能发展起来。珍惜你每一次交往的机会吧，只要在你生活的各个领域形成一个强有力的支撑系统，你离成功还会远吗？

心法修炼

　　你的"关系网"远比你意识到的要广大得多。你实际拥有的网络，延伸到了你每天都有联系的人之外，更多的联系包括你与之共同工作和曾经一同工作过的人们，以前的同学和校友、朋友，你整个大家庭的成员、你遇到过的孩子的父母、你参加研讨会或其他会议时遇到的人，这些人都会是你的网络成员。你的网络成员还包括那些你在网络中认识的人以及那些与他们有联系的人。

人脉助你成功

汉高祖刘邦在平定天下之后，大宴群臣，席间他不无感慨："运筹帷幄之中，决胜千里之外，吾不如张良；镇守国家，安吾百姓，不断供给军饷，吾不如萧何；率百万之众，战必胜，攻必克，吾不如韩信；三位皆仁杰，吾能用之，此吾所以取天下也。"

或许这真的就是志得意满的高祖刘邦当时的肺腑之言吧！历史也证明了正是他这种知人善任的睿智，才能够驾驭天下三位豪杰人物为之驱使，并最终得到了天下。反观项羽，他刚愎自用，甚至连唯一的贤臣范增都团结不好，最终落得乌江自刎的可悲下场。

在法国有一本书叫《小政治家必备》，书中记述了那些有心在仕途上有所作为的人，最少要搜集20个将来可能成为总

理的人的个人资料，熟悉他们，并且有规律的随时去拜访这些人，保持和这些人的良好关系。这样，在不久的将来，他们中的任何一人当选总理，他们就会很容易地记起你来，你就很有可能"入阁"了。这种手法虽然看起来不是很高明，但却非常的现实，要是你所期许的那种情况真的出现了，你就不用再后悔"平时不烧香"了。

所以，要想在竞争中取胜，良好的人脉关系才是人们的唯一选择。特别是在现代社会里，单靠一个人的单打独斗去建功立业，已经成为不可能了。一个人的力量是有限的，个人的力量很难突破环境的限制，以至于有人说，一个人是条虫，两个人才是一条龙。由此可以看出，合作对于成功是多么的重要。我们只有在利人利己的前提下真诚合作、群策群力、集思广益，才能够取得更大的成功。

在美国唐人街上曾经流传着这样一句话："日本人做事像在'下围棋'，美国人做事像在'打桥牌'，中国人做事像是'打麻将'。"

"下围棋"是从全局出发，为了整体的利益和最终的胜利可以牺牲局部的棋子。"打桥牌"的风格则是与对方紧密合作，针对另外两家组成的联盟，进行激烈的竞争。"打麻将"

则是孤军作战，看住上家，防住下家，自己和不了，也不能让别人和。显然最后一种做法是不好的，尤其是自己做不出成绩，也不让别人做出成绩，这只会影响事业的健康发展。

因此，每一个人都要富有合作精神，合作才能产生无穷的力量。我们倡导合作，只有社会中的人们善于与别人合作，才能使社会快速、健康地向前发展。

这就更加凸显了良好的人际关系对于我们的重要性了，它能促进并建造和谐的生活和工作环境，使我们在办事的时候得心应手，它对顺利开展工作起着不可估量的作用。我们在公司工作，当然需要在这个公司建立起良好的人际关系，这样才能更有利于自己的发展。在这中间，最重要的莫过于建立与领导的良好关系。在公司，有的领导为了拉近和员工的距离，总是喜欢找员工聊天，因此有的员工就以为领导是平易近人的，还会产生和领导之间就是平等的错觉，从而在说话、行为等方面表现得极为随便。但是经验告诉我们，和领导在一起，要时时刻刻注意自己的身份，说话也好，做事也罢，都要和自己的身份相吻合。无论你的老板怎样的平易近人，他终归是你的领导，而领导和员工之间是绝对不可能有真正意义上的平等的。

同事之间的关系也是非常重要的，如果我们想要在工作中

取得成功，我们就必须对之引起足够的重视。不要背负着与同事有矛盾的重担，或是被怨恨或其他消极思想所累。我们可以放下这些负担，随它去吧。

对于同事不经意的冒犯，我们大可轻松地宽恕他。如果在我们的头脑里总是记着这些，其实你每一次的想起，就等于对自己的又一次伤害。但若我们选择了宽容，这样的伤害反而不治而愈了。一个攥紧的拳头是什么也不会得到的，只有松开拳头，我们才能够抓住一些东西。况且，面对朝夕相处的同事，真有那么多的怨让你记恨吗？况且只是紧紧抓住过去的矛盾不放，只能给双方带来不悦，仅此而已。

同事相处，还有另外一种现象。诸如在公司里，你可能有几个比较合得来的同事，你们之间的友谊似乎也是非比寻常。但是你必须要注意到一点，那就是同事之间的相处一定要有别于朋友。毕竟公司是工作的地点，而不是私人的空间，这是潜规则的一种。你与几位同事的这种关系，久而久之，在别人看来，特别是在领导看来，你们已经形成了一个小的帮派，甚至有"结党营私"的嫌疑了。现在，你已经很危险了，你已经开始让领导和一些别的同事感觉到不舒服了。只要你仔细观察一下，你就能发现领导不喜欢"结党营私"的人。因为他想让自

己的部下是一个整体，一个比较好管理的整体，而不是一个又一个的小帮派。

另外，领导对小帮派的人总有一种不信任感。他会认为小帮派里的员工公私难分，如果提拔了其中的某一位，而其帮派人员可能会得到偏爱和放纵，对公司的发展不利，对其他的员工不公平。领导还会担心小帮派人员的忠诚，他们担心若其批评了帮派其中的一个，可能会受到其帮派成员群起反对，影响公司团结。

所以，在工作中，你一定要注意，千万不能加入已经形成的小帮派，更不能只与几个人来往。否则，你在公司的发展前途就已经基本结束了。

当然，不搞小帮派并不是不与别人往来，而是要你在公司建立起正常和谐的人际关系网。我们要在自己的交往中，注意公司里的交际规则。要公私分明，与同事相处得好，但不能在公事上带有私人感情，上班的时候最好不要聚在一起聊天；要以团结为重，尽量缓解同事之间的紧张关系；还要扩大自己的交际范围，不能只限定在与你密切接触的那几个人，而要与其他员工也建立起良好的关系。当然，处理好在公司里的人际关系，可以提升你在公司里的名望和地位，吸引领导对你的关

注，为你的发展带来不可估量的好处。

心法修炼

现代人整天忙忙碌碌在生活之间，似乎根本没有时间进行过多的应酬，日子一长，使得许多原本牢靠的关系变得松懈，甚至朋友之间久不联系也逐渐互相淡漠。这是非常可惜的，我们一定要珍惜人与人之间的宝贵缘分，即使再忙， 也要抽出些许时间做些必要的"感情投资"。

创造机会与人相识

美国总统罗斯福是一个与人交往的能手。在早年还没有被选为总统的时候，一次参加宴会，他看见席间坐着许多他不认识的人。如何使这些陌生人都成为自己的朋友呢？罗斯福稍加思索，便想到了一个好办法。

他找到一个自己熟悉的记者，从他那里把自己想认识的人的姓名、情况打听清楚，然后主动走上前去叫出他们的名字，谈些他们感兴趣的事。此举使罗斯福大获成功。此后，他运用这个方法，为自己后来竞选总统赢得了众多的有力支持者。

在现实生活中，许多人似乎都有一种"社交恐惧症"，他们总是不愿主动向别人伸出友谊之手。你或许有过这样的经历：在一次大家都相互不熟悉的聚会上，90%以上的人都在等待别人与自己打招呼，也许在他们看来，这样做是最容易也是最稳妥的。但其他不到10%的人则不然，他们通常会走到陌生

人面前，一边主动伸出手来，一边做自我介绍。

　　我们为何不能试着做出改变呢？当你也试着向陌生人伸过手去，并主动介绍自己的时候，你就会发现这比你被动站在那里要轻松、自在得多了。其实，你可以仔细回想一下，我们身边的朋友哪一个开始不是陌生人呢?正因如此，怀特曼说："世界上没有陌生人，只有还未认识的朋友。"

　　懂得怎样无拘无束地与人认识，是我们必备的一个社会生存技能。这能扩大自己的朋友圈子，使生活变得更丰富。而罗斯福所用的这种主动与陌生人打招呼并保持联系的办法，正是许多大人物都普遍采用的做法。主动向别人打招呼和表示友好的做法，会使对方产生强烈的"他乡遇故知"的美好感觉和心理上的信赖。如果一个人以主动热情的姿态走遍会场的每个角落，那么他一定会成为这次聚会中最重要的、最知名的人物。甚至有人说，大人物和小人物最主要的区别之一，就是那些大人物认识的人比小人物要多得多。而大人物之所以能够认识更多的人，就是因为他们总是乐于和陌生人交往。从这一点上看，做一个大人物并不难，只要你肯把手伸给陌生人就可以了。

　　在这个世界上，各个行业都有许多出类拔萃的人物，他们的影响是非同小可的，对于我们来说，必须要利用与他们正面

接触的机会和他们建立良好的关系，这甚至对你的前途至关重要。不要等待，一味地等待只能使你错失良机，绝对不可能使你建立良好的人际关系，你应该积极地一步一步地去做，这本没有什么让你感到害羞的。

有一个人，当他要结交新朋友时，他总是先想方设法弄到对方的生日，然后悄悄地把他们的生日都记下，并在日历上一一圈出，以防忘记。等这些人生日的那天，他就送点小礼物或亲自去祝贺。很快，那些人就对他印象深刻，把他作为好朋友了。可以想到，这位朋友身边的朋友将会越来越多，他的事业也将会越来越兴旺发达。

其实，在各个场合，你同样有许多接触他人的机会。如果你想接近他们，让他们成为你人际关系网中的一员，你就必须为此付出努力。譬如，有朋友请你去参加一个生日聚会、舞会或者其他活动，你不要因为自己手头事忙而懒得动身，因为这些场合正是你结交新朋友的好机会。又如新同事约你出去逛逛商店，或者看场电影什么的，你最好也不要随便拒绝，这是一个发展关系的好机会。

因为人与人之间接触越多，彼此间的距离就可能越近。这跟我们平时看一个东西一样，看的次数越多，越容易产生好

感。我们在广播和电视中反复听、反复看到的广告，久而久之就会在我们心目中留下印象。所以交际中的一条重要规则就是：找机会多和别人接触。

如果要想成功地找到一个与其他人接触的机会，你就必须对他的作息时间、生活安排有所了解。比如对方什么时候起床、吃饭、睡觉，什么时候上班、回家，从这些信息出发再确定跟对方接触的方式。如果打个电话，对方不在或者去找他时他正好很忙，这样就白费力气。因此，详细把握对方的工作安排、起居时间、生活习惯等因素再同其打交道，是很容易获得成功的。

一旦和别人取得联系，建立初步关系之后，你还要抓住机会深入一下。交际中往往会有两种目的：直接的和间接的。直接的无非就是想成就某项交易或有利于事情的解决，或想得到别人某方面的指导；间接的目的则只是为了和对方加深关系，增进了解，以使你们的关系长期保持下来。无论你想达到什么目的，你最好有意识地让对方明白你的交际目的，如果对方不明白你的交际意图，会让他产生戒备心理——这人和我打交道有什么目的呢？那样你就很难跟对方深入交往下去。

心法修炼

自卑就像受了潮的火柴，再怎么使劲，也很难点燃。你必须表现得精神饱满、充满自信。其实任何人都是有他的长处的，你要做的就是善于发现你自己的长处，并积极地予以肯定，你就会发现你已经变得越来越自信了。

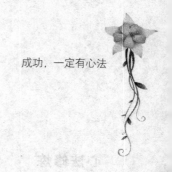

好朋友也要相互尊重

几年前，在台湾省台北县发生的萧崇烈一家三口被灭门的血案，终于在警方锲而不舍地追踪下，其真相大白天下，结果也是颇让人警醒的。

犯罪嫌疑人邓笑文，与受害者萧崇烈本是同村一起长大的小伙伴，平日里交往的关系也还是说得过去的。这就让乡亲们感到十分的费解，他们之间究竟有怎样的仇恨，才使得邓笑文完全丧失了理智做出如此极端的事情呢？

后来在听了犯罪嫌疑人邓笑文的供述之后，人们才知晓了其中的缘由：原来，受害者萧崇烈总是在人群中以取笑他为乐，并讥笑他没有本事，让他那么好的老婆还要出去工作受罪。就在案发前的那个下午，大家还是像往常一样聚在一起聊天。萧崇烈也仍然像往常一样拿他取笑，最后甚至还过分地用手指指着他的胸取笑他

"真是天底下最没用的家伙"。这下，怒火中烧的邓笑文再也难以容忍萧崇烈的一再轻视了，于是便萌生了杀人泄愤的动机。

古语有"言语伤人，胜于刀枪"之说。上面的案例我们可以看到，犯罪嫌疑人邓笑文和受害人萧崇烈是从小一起长大的玩伴，或许在萧崇烈看来，在这种朋友之间开开玩笑是不需要有任何避讳的吧？也许就是这种致命的想法，使得萧崇烈长期以嘲笑自己"最亲近的朋友"邓笑文为乐。而邓笑文由于长期受到对方不断的讥讽和嘲笑，而累积起杀人的仇恨，这虽然属于极端事件，但也颇值得引起社会大众警惕：朋友之间到底如何相处？

现实生活中，不是常有人以"嘲弄"他人或者与他人"抬杠"为乐么？这些人似乎对事事都抱有异议，甚至错误地认为与别人"抬扛"是自己富有"创见"的表现，就这样他们常常将一场本来亲切的谈话变成一场舌战。有些虽然是属玩笑性质，但总让人觉得不妥，使听者产生不悦，严重的正如灭门血案的被害人一般，遭到杀身之祸。

其实，朋友间建立一份真诚的友谊，双方在感情上的相互理解和遇到困难时的互相帮助，这的确是一件非常美好的事情。"伯牙鼓琴，子期知音，峨峨兮若泰山，洋洋兮若江河。"能够保持这份友好的情谊，使之能够经受风雨的吹打，

则是更为可贵的。

　　但是，朋友之间再熟悉、再亲密，也不能随便过头，如果过头，默契和平衡将被打破，友好关系将不复存在。友情就像弹簧一样，保持适度的距离以及适度拉伸和压缩，都会使之保持永久的弹性。所以，如果有了"好朋友"，与其因太接近而彼此伤害，不如"保持距离"，以免碰撞！

　　人一辈子都在不断地结交新的朋友，在结交新朋友的时候，不要一味地相信对方的友谊。如果对方是一个别有用心、居心不良的人，友情随时可能被玷污。因此，你必须谨慎从事，多设几道防线，预防"朋友"布下的陷阱，这对你只有好处，没有任何坏处。常言道："逢人只说三分话，未可全抛一片心。"

　　另外，每个人都希望拥有自己的一片小天地，朋友之间过于随便，就容易侵入这片禁区，从而引起隔阂冲突。譬如，不问对方是否空闲、愿意与否，任意支配或占用对方已有安排的宝贵时间，一坐下来就"屁股沉"，全然没有意识到对方的难处与不便；一意追问对方深藏心底的不愿启齿的秘密，一味探听对方秘而不宣的私事；忘记了"人亲财不亲"的古训，忽视朋友是感情一体而不是经济一体的事实，花钱不记你我，用物不分彼此。凡此等等，都是不尊重朋友，侵犯、干涉他人的坏

现象。偶然疏忽，可以宽容，可以忍受。长此以往，必然导致朋友的厌恶和疏远。因此，好朋友之间也应恪守交友之道。

中国素称礼仪之邦，用礼仪来维护和表达感情是人之常情。当然，我们说好朋友之间也要相互尊重，并不是说在一切情况下都要僵守不必要的繁琐的礼仪，而是强调好友之间相互尊重，不能跨越对方的禁区。朋友相交，切记以下几点要引起足够的重视：

（1）过度表现，居高临下，使朋友的自尊心受到挫伤。

（2）过于散漫，不重自制，使朋友对你产生轻蔑、反感。

（3）不守约定，随便反悔，使朋友对你感到不可信赖。

（4）用语尖刻，乱寻开心，使朋友突然感到你可恶可恨。

（5）泛泛而交，择友不加选择，使朋友感到你是轻佻之人。

心法修炼

距离是人际关系的自然属性。交友的过程往往是一个彼此气质相互吸引的过程，成为好朋友，只说明你们在某些方面具有共同的目标、爱好或见解，以及心灵的融通，但并不能说明你们之间是毫无间隙、融为一体的。朋友关系的存续，是以相互尊重为前提的，容不得半点强求、干涉和控制。

帮助别人就是帮助自己

　　从前有个生意人，他在集市上买了一头驴子和一匹高头大马。生意人望着趾高气扬的高头大马满心欢喜，他随手就把所有的货物都驮在了驴子背上。

　　走了一段，驴子感觉不堪重负，就对马说："我亲爱的伙伴，现在主人将所有的货物都放在我的身上，我实在背不动了，你能替我分担一些吗？"

　　"说不定主人马上就会骑到我背上来的，所以现在我不能帮助你啊。"马悠然地说。

　　就这样，又走了很长的一段路程，驴子实在坚持不住了，便再次气喘吁吁地对走在前面的马说："我的朋友，我真的有些坚持不住了，我真心地恳请你能帮我分担一些货物吧。"

　　马听了驴子的话，似乎明显地不耐烦了："既然主人把货

物都放在你的身上，就应该你驮着，你别总惦记着我，好不好？"

驴子听了马这毫无情意的话，加之难堪重负，竟一下子倒地死掉了。主人将驴子身上的货物全部取下来放在了马的背上，还有那条死掉的驴子的尸体也一块儿放在了马背上。这下马才知道了驴子的痛苦。

当我们把自己的东西与别人分享时，我们得到的东西就会扩大、增加。就像我们帮助的人越多，我们得到的帮助也就越多。我们每个人都能够给他人提供帮助，帮助别人并不是只有富人才能够去做的。我们每个人都能以我们自己的一部分力量帮助别人。不管我们做什么工作，我们都可以在我们的心中培养一种炽烈的愿望去帮助他人。这些帮助有时是一次微笑、一句亲切的话，或是发自内心的温暖的感激、喝彩、鼓励、信任和称赞等。

有这样一个故事很是耐人寻味：一天，有个人被带去参观天堂和地狱，以便比较之后，能聪明地选择他的归宿。他先去看了魔鬼掌管的地狱。第一眼看上去令他十分吃惊，因为所有的人都坐在酒桌旁，桌上摆满了各种佳肴。

然而，当他仔细看那些人时，却发现这些人个个都是愁眉

不展地坐在椅子边上，而且瘦得皮包骨。他再次好奇地打量着每一个人，才发现在每个人的左臂都捆着一把叉子，在右臂捆着一把刀，刀和叉子都有4尺长的把手，这使得他们不能用它来吃东西。所以即使每一样食物都在他们手边，结果还是吃不到口中，一直在受着饥饿的折磨。然后他又去了天堂，景象完全一样——同样的食物、刀、叉和那些四尺长的把手。然而，天堂里的居民却都在唱歌、欢笑。这位参观者一下子觉得困惑了，他怀疑为什么情况相同，结果却如此的不同。最后，他终于知道答案了。在地狱里的每一个人都试图喂自己，可是一刀、一叉以及那4尺长的把手根本不可能吃到东西。在天堂里的每一个人却都在喂对面的人，而且也被对面的人所喂。因为互相帮助，结果也使自己吃到了可口的食物。

这个故事的道理很简单，如果我们帮助其他人获得了他们需要的东西，我们也会因此而得到自己想要的东西。而且我们帮助的人越多，我们所得到的也就越多。

一个年轻人，他在一家商店服务了4年。然而并未受到店方的赏识，因此他准备寻找其他的工作跳槽。在一个阴雨天气，一位老妇人走进了这家商店里避雨，并且在商店内闲逛起来。大多数的店员对老妇人都是爱理不理的。只有这位年轻人主动地向她打招呼，并很有礼貌地问她是否有需要他服务的地方。这位年轻人陪着老妇人逛了整个商店，对各种商品进行了讲解，并且主动为老妇人提着买来的各种物品。当老妇人离去时，这个年轻人还陪她到街上，替她把伞撑开。这位老妇人对他的服务和帮助极为满意，向他要了张名片，然后径自走了。

后来，这位年轻人完全忘记了这件事，而是开始寻找更好的工作。没想到有一天，他突然被老板叫到办公室，老板给他提供了一份更好的工作，而这份工作正是那位老妇人——一位富商的母亲亲自要求他担任的。

所以，你在付出的时候越是慷慨，你所得到的回报就越丰厚。要得到多少，你就必须先付出多少。任何东西只有先从你这儿流出去，才会有其他东西流进来。想想看，如果每个人都为他人付出，终其一生帮助他人，世界将会变得多么和谐美好啊！当然，付出必然会有回报的，我们每一个人也都会得到别人的帮助。

心法修炼

　　你在帮助别人解决问题的时候，也会帮助你自己解决问题，就像如果你肯付出价值100元的服务，那么你不但能够收回这100元，而且极有可能会回收好几倍。因为付出其实就是没有存折的储蓄。

无条件的付出会赢得无尽的回报

有三个青年人在经过一座农舍的时候，他们惊奇地发现在农舍的边上，有一位须发皆白的老者正在挥锄种树。他们觉得这种情况真是太不可思议了。

"这老头儿这么一大把年纪还种树做什么呢？这种劳动还会给他带来什么好处呢？"第一个青年不解道。

"这么大的年纪挖地基盖房子还说得过去，种树真是太让人费解了。"第二个青年人说。

"种树的活儿应该是我们年轻人干的事情，这么大年纪的人还种树，真的不明白他到底是怎么想的。"

老人听完了三个青年人的议论，笑呵呵地放下手中的锄头说："你们说的有一定的道理，就像我这么大年纪的人种树确实不能给自己带来什么实际的好处了。但是，我现在种树，我

的儿孙们将来在乘凉的时候就会感谢我，大地也会因为我多种了一棵树而多出一片绿色。我现在种下这棵小树，虽然我不能确定我是否能够品尝到它甜美的果实，但是能为别人提供果实的喜悦也是同样令人陶醉的啊！"

真诚的帮助别人源自无私的心，在帮助别人时并不希求得到回报。这样，无论有没有回报，你都可以保持一种平静的心态来对待。

弗莱明是一个穷苦的苏格兰农夫，有一天，当他在田里耕作时，忽然听到附近的泥沼里有一个孩子求助的哭声，于是他急忙放下农具跑到泥沼边，看到一个小男孩正在粪池里挣扎。弗莱明顾不得粪池的脏臭，把这个孩子从死亡的边缘救了出来。

过了几天，一辆崭新的马车停在农夫家门前，车里走下来一位高雅的绅士。他自我介绍是被救孩子的父亲。

"我要报答你，好心的人，你救了我孩子的生命。"绅士对农夫说。

农夫回答道："我接受你的感谢，可是我不能因救了你的孩子而接受报酬。"

正在这时，农夫的儿子走进茅屋，绅士问："那是你的儿子吗？"

"是。"农夫很骄傲地回答。

绅士忽然有了一个好主意，他说："我们来定个协议吧，让我带走你的儿子，并让他接受良好的教育。假如这个孩子也像他父亲一样，他将来一定会成为一位令你骄傲的人。"

农夫答应了。后来农夫的儿子从圣玛利亚医学院毕业，并成为举世闻名的弗莱明·亚历山大爵士，也就是盘尼西林的发明者。他在1944年受封骑士爵位，并荣获了诺贝尔奖。

数年后，绅士的儿子染上肺炎，是谁救活他的呢？盘尼西林。那绅士是谁呢？他就是英国上议院议员丘吉尔。他的儿子是英国政治家丘吉尔爵士。

从故事中我们看到，弗莱明因为救了别人的孩子，而使自己的孩子受到良好的教育，最终获得诺贝尔奖。而丘吉尔，则由于帮助别人的孩子受教育，而使自己的儿子在患病时幸运地战胜了病魔。所以说，当我们帮助别人时，其实不仅仅是帮助了别人，有的时候恰恰是在帮助自己。

美国前任通用面粉公司董事长哈里·布利斯曾这样告诫他手下的推销员："忘掉你的推销业务，一心想着你能带给别人

什么样的服务，而不是你今天要推销出去多少货物，这样你就
能找到一个跟买家打交道更容易、更开放的方法，推销的成绩
就会更好。谁能帮助其他人活得更愉快、更潇洒，谁就是实现
了推销术的最高境界。"由此可见，只有无私地帮助他人，你
的人生就会达到一个新的高度。

　　1933年，经济危机在美国蔓延。加利福尼亚的哈理逊纺织
公司真是"破屋更遭连夜雨，漏船又遇打头风"，竟然意外地
发生了一场大火，整个工厂一夜间化为了灰烬。

　　有人劝董事长亚伦·博斯领取保险公司赔偿金一走了之。
但是亚伦·博斯没有那样做，因为他想到，如果他那样做，他
的3000名员工将会全体失业，那么他们今后的生活怎么办？他
们的家人怎么办？至少我现在还有能力发给他们工资，让他们
在短时间内不会面临公司破产和失业风暴的威胁。

　　他让秘书给全体员工写了一封信：向全公司员工继续支薪
一个月。

　　员工们深感意外。他们惊喜万分，纷纷打电话或写信向董
事长亚伦·博斯表示感谢。而另一些人则批评他感情用事、缺
乏商业精神。亚伦·博斯对他们的批评只是一笑置之。

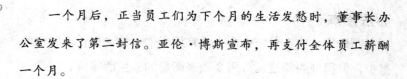

一个月后，正当员工们为下个月的生活发愁时，董事长办公室发来了第二封信。亚伦·博斯宣布，再支付全体员工薪酬一个月。

3000名旧员工接到信后，不再是意外和惊喜，而是热泪盈眶。第二天，他们纷纷涌向公司，自发地清理废墟、擦洗机器，还有一些人主动去南方联络被中断的货源。三个月后，哈理逊公司重新运转了起来。

对这一奇迹，当时的《基督教科学箴言报》是这样描述的：员工们使出浑身的解数，昼夜不停地卖力工作，恨不得一天干48个小时。

现在哈理逊公司已经成为美国最大的纺织品公司，它的分公司遍布五大洲60多个国家。

亚伦·博斯成功了，他的成功就是由于在最困难的时刻他给3000名员工送去了阳光，送去了温暖。而当员工们的心被这阳光所温暖时，他们没有忘记给他们带来温暖的人，同样，他们也敞开了心扉，把自己的光和热带给了亚伦·博斯。

心法修炼

　　帮助别人实在是一件令人非常愉悦的事情，你付出的也许很少，但得到的却是无法用金钱来衡量的。生活常常有这样的时候，你在不经意间的付出甚至会改变你一生的命运。

把握竞争与合作的尺度

手脚四肢每天都在从事着繁重的劳动，手和脚掌都被磨出了厚厚的茧子，可是工作似乎还是源源不断地没个完。脚首先暴躁起来，它不服气地说："手兄弟，你看看胃那个家伙，什么活也不干，却整天吃香的、喝辣的，主人真是太不公平啦。"

"脚兄弟，你说的那事我早就觉得不公平啦，凭什么我们整天拼死拼活地干活儿，却养活着胃那个贪吃的家伙呢？"手不由自主地握紧了拳头。

聚集了多年的不满终于爆发出来了，手脚一致决定不再给胃干活儿了。

就这样过了两天，由于手脚的罢工事件而导致胃没有充足的食物来源，主人身上缺少了营养，手脚也变得酸软无力了。

就在这个时候，胃说话了："手、脚二位兄弟，由于你们不干活儿了，主人就不能把食物带给我，我也不能工作了，你们也就没有营养的来源了。"手和脚一下子彻底地醒悟过来了，从此以后他们再也不偷懒了。

每个人的能力都有一定的限度，善于与人合作，能够弥补自己各个方面的不足，达到人生的一个新的高度。就像故事中，手脚和胃最终能够合作一心，从而才有了"主人"的强壮有力，我们每个人总要借助他人的智慧完成自己的人生超越，于是这个世界充满了竞争与挑战，也充满了合作与愉快。每个欲成就一番事业的人，都要懂得学会合作，也必须学会与他人合作。

清末名商胡雪岩，文化虽不高，但他却从生活经验中总结出了一套行之有效的哲学，归纳起来就是这简简单单的几个字：花花轿子人抬人。他十分清楚合作的必要，把士、农、工、商等阶层的人都集合起来，以自己的钱业优势，与这些人协同合作。由于他长袖善舞，所以别的人也为他的行为所打动，对他产生了信任。他与漕帮协作，及时完成了粮食上交的任务。与王有龄合作，王有龄有了在官场上升迁的资本，胡雪

　　岩也有了机会在商场上发达，更增添了自己的竞争能力。如此种种的相互合作，使胡雪岩这样一个小学徒变成了一个称霸钱业的巨商。

　　我们在工作中也是如此，即便你有很大的能力，你也不可能面面俱到。一个人的能量永远是有限的，这不仅仅是巨商胡雪岩面临的问题，也是我们每一个人面临的问题。所以，我们要善于与人合作，取人之长，补己之短，才能互惠互利，从而提高自己的竞争能力。

　　譬如同样大的一块儿蛋糕，越多的人分，自然每个人得到的就越少，如果每个人都互不相让，我们就会陷入财富观念的误区，我们就只能去争抢食物。但如果我们是在联手制作蛋糕，那么，只要蛋糕能不断地往外扩大，我们就不会为眼下分到的蛋糕太小而你争我抢了。因为我们知道，蛋糕还在不断扩大，眼前少一块儿，随后就可以再弥补上来。而且，只要联合起来，把蛋糕做大了，根本不用发愁能否分到蛋糕。

　　对于领导而言，公司的生存和发展需要员工的敬业和协作；对于员工而言，需要的是丰厚的物质报酬和精神上的满足。从表面上看，他们之间具有对立性，但是综合起来看，他们是协调统一的。公司因有优秀的员工而得以发展，员工因有

公司的业务平台而使自己的聪明才智得以发挥和展现。

我们小时候都听说过这样一个典故："一个和尚挑水吃，两个和尚抬水吃，三个和尚没水吃"。后来还拍成了动画片，叫《三个和尚》。这个故事说明人多反而不如人少。如今，这个观念彻底过时了。三个和尚的故事现在已经演绎为"一个和尚没水吃，三个和尚水多得吃不完"。这怎么来理解呢？这个故事说的是有三个庙，这三个庙离河边都比较远。怎么解决吃水问题呢？第一个庙，和尚挑水路比较长，一天挑了一缸就累了。于是三个和尚商量，咱们每人挑一段。第一个和尚从河边挑到半路，停下来休息。第二个和尚继续挑，又转给第三个和尚，挑到庙里灌进缸去，空桶回来再接着挑。这样从早到晚不停地挑，大家都不累，水很快就挑满了。这是团结协作的办法，可以叫"机制创新"。

第二个庙，老和尚把三个徒弟叫来，说我们立下了新的庙规，引进竞争机制。三个和尚都去挑水，谁挑的水多，晚上吃饭加一道菜；谁挑得水少，吃白饭，没菜。三个和尚拼命去挑，一会儿水就满了。这个办法叫"管理创新"。

第三个庙，三个小和尚商量，天天挑水太累，咱们想办法。山上有竹子，竹子的中心是空的，把竹子砍下来连在一起形成管道，然后买一个辘轳。第一个和尚把一桶水摇上去，第二个和尚专管倒水，第三个和尚休息。三个轮流换班，一会儿水就灌满了。这叫"技术创新"。

从这个故事我们可以看到，我们无论做任何一项工作，都离不开与他人的合作。社会越进步，科技越发达，经济越繁荣，就越需要进行合作。合作与竞争看似事物的对立面，其实不然，合作与竞争有许多相同的地方。合作与竞争，可以说是伴随着人类的出现而同时出现的。从原始社会到今天，合作与竞争不仅没有消弱、消亡，相反随着时间的推移和社会的进步，合作与竞争的机制在不断的增强。而且，随着人类生存空间的不断拓展，交往的不断扩大，人与自然斗争的不断深化，科技的不断发展，合作与竞争的联系在日益扩展了。在向知识经济时代过渡的大背景下，高科技的发展水平和发展速度已经超乎了人们的想象，不论是国与国之间、组织与组织之间、或者是具体到个人之间，竞争与合作都已经成为不可逆转的大趋势。

心法修炼

合作永远是竞争的基础。没有了合作，所谓的竞争只能是浅层次的钩心斗角。合作具有无限的潜力，因为它集结的是大家的智慧和力量；竞争的所得是有限的，因为它激发的是个人或少数人的力量。而只有基于合作基础上的竞争才是最成功的。

避免踏入人际交往的误区

阿亮和阿明是从小一起长大的好朋友，又是同班同学。共同的兴趣爱好，使得他们总是形影不离。有一次，阿亮要集中精力备考奥数，但是身为宣传委员的他，又不能放下班级里面的板报工作。阿明看到了，便集齐人手在周末的时间里办好了板报，这一举动获得了班主任的好评。可是这时阿亮却找到阿明，用很严肃的口吻告诉他说，以后他的事情请他不要插手。本来，好好的朋友关系，却在阿明的"热心"之下变得不那么和谐了。或许阿明还会感到很委屈，可是他却没有意识到并不是所有的人都愿意接受别人的帮助的，有时候你的善意甚至反而变成了一种刺激，严重时还会伤害到他人的自尊心。一位哲人说过："没有交际能力的人，就像陆地上的船，永远到不了人生的大海。"

对于如何在复杂的人际关系中自处和与他人相处，历来成为困扰人们的一个问题。对于如何能够建立良好的人际关系，不少的人感到迷茫，他们往往抱怨自己运气不好，怨天尤人，认为自己周围生活圈子里好人太少，无法进行满意的交往。实际上，主要是因为他们的交往过程中存在着许多的认知误区，就是这些严重地阻碍了人们之间关系的进一步发展。这些误区主要有以下几个：

1.言而无信

人与人之间的社会交流，是以相互信任为基础的。言而无信的人，在社社交里最终都找不到他们自己的位置。

在当前的现实生活中，也常见这种不守信用的人，他今天答应给你买火车票，结果到时候连他的影子都找不到；他明天又邀请大家聚餐，而到时候赴宴的全来了，唯独他本人不到场。试问，长此以往，又有谁会愿意和这样的人交往呢？

2.自私

人际交往中的功利性，使有的人在与别人交往时处处从自己的利益着想，只关心自己的需要和利益，强调自己的感受，把别人当作自己达到目的、满足私欲的工具。不尊重他人的价值和人格，漠视他人的处境和利益。在交往中目中无人，与同

伴相聚时，不顾场合，也不考虑别人的情绪，自己高兴时，高谈阔论，手舞足蹈；不高兴时，抑郁寡欢或乱发脾气。这种人在交往中，缺乏对自己的正确认识，无论他们多么精明，永远也不会与人建立牢固、持久、良好的人际关系。只有那些心地善良，待人以诚，能设身处地为别人着想的人，才可获得挚友。

3.易怒

喜怒哀乐，本是人之常情。但是随便发怒就会伤害和气和感情，会失去朋友之间的信任和亲近。随意发怒，强求别人来适应自己，或把自己的意见强加于别人，这本身就是一种不能平等对待自己和别人的心理，是一种不尊重别人和不讲文明礼貌的行为。能够抑制自己的情绪，是一个人的理智战胜感性的过程；而理智，则恰好是一个成功人士的特有标志。

4.冷漠、孤僻

有些人在与别人交往时，总喜欢把自己的真实思想、情感和需要掩盖起来，在他们看来，人世间的一切是那么无聊、令人厌倦，平淡、无意义。他们往往持有一种孤傲处世的态度，只注重自己的内心体验，他们的行为和习惯有时令人难以理解。这种人交往的失败就在于在心理上建立了一道屏障，把自我封闭起来，无法与别人沟通。因此，他们只有增加自我的

"透明度"，敞开自己的心扉，用热情、坦诚去赢得别人的理解。适当的自我袒露可以增加个人的吸引力。

5.自卑、多疑

在生活中，有些人缺乏对自己的正确评价，往往对自己过于苛求，估计太低。如有些青年人感到自己的身体、相貌缺乏魅力，或感到自己能力欠缺，产生自卑心理，然而事实上，他们并不一定是没有魅力、能力差，或事业成就低下，反而是自己期望过高，不切实际，对别人的意见过于敏感，总是认为别人看不起自己。其实，在他们深层的心理体验里则是自己看不起自己，他们害怕挫折、失败，特别是在权威、强者或一些强词夺理的人面前，总是感到手足无措，有时则表现出一种戒备和敌对情绪。长此下去，他们就人为地把自己的交往范围限制在父母、家庭这样一个小圈子中，有的则会产生厌世心理。这样的人，必须要对自己有一个清醒的认识，接受自己，无论与任何人交往都要做到不亢不卑，即不取悦别人，更不需要在别人面前炫耀自己。价值正是在于你的自身，并不随别人的评价而改变。这样，就能渐渐消除多疑心理，从而获得多数人的友谊。

6.恶语伤人

"良言一句三冬暖，恶语伤人六月寒。"口出恶言中伤别人，这是一种最不道德的行为，不但我们自己不该说，听到了这一类的话也不要随意传播。轻蔑粗鲁的语言使人感到侮辱，骄横高傲的语言使人与你疏远。所以我们应该使用好语言这一交流工具，尽量避免恶语损害别人的尊严，刺痛别人的神经和破坏彼此之间的关系。

7.嘲笑别人的生理缺陷

生理上存在缺陷的人由于行动不便，内心便充满了无尽的苦恼和忧伤，正因如此，他们的性格一般都较为内向。这些在精神上给他们带来了沉重的负担，从而使他们对精神性的需要比物质需要更看重，更加特别地渴望得到真诚的友谊、尊重、信任和平等。当他们受到别人的嘲笑、冷遇或不公平的对待时，更容易引起哀怨或者其他情绪。也正因为如此，他们比正常人更需要别人的关心、帮助、支持和鼓励，这样才能使他们看到生命的价值和感到社会的温暖。

8.人际关系好也并非就是被周围所有的人都喜欢

强求被所有人欣赏，这本身就是一种完美主义的人际关系标准，在这个世界上，没有一个人能够被所有的人都欣赏。因为我们周围的人都是各式各样的，每个人都有不同的价值观和行为准则，人们根本不可能符合每一个人的要求。相反，一个

人要是真的被所有人欣赏，那他得是多么圆滑和虚伪啊！

心法修炼

　　人们学习知识，进入社会，了解自我，获得新生和爱情，这些都是在人际交往中发生的。没有与别人的交往，人类就无法生存。我们要想获得成功的人际关系，要想成为别人的朋友，就要求我们在人际交往中避免踏入人际关系的误区，以免妨碍朋友之间的友谊。

第五章

勤恒奋进——成功的必要条件

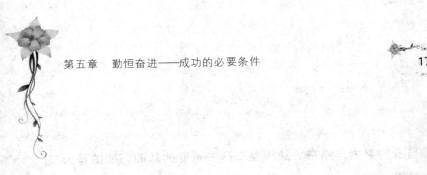

天道酬勤

原一平素有日本的"推销之神"之称。一次在他69岁生日的宴会上，当有人问他推销成功的秘诀时，他当场脱掉鞋袜，将提问者请上台说："请您摸摸我的脚板。"

提问者摸了摸，十分惊讶地说："您脚底的老茧好厚哇!"

原一平笑笑说："因为我走的路比别人多，跑得比别人勤，所以脚茧特别厚。"

提问者略一沉思，顿然醒悟。"勤能补拙是良训，一分辛苦一分才。"伟大的成功和辛勤的劳动是成正比的，有一分劳动就有一分收获，日积月累，从少到多，奇迹就可以创造出来。原一平脚板上的老茧，分明写着同样的一个字，那就是"勤"。

人们常说，有耕耘才有收获。一个人的成功有多种因素，环境、机遇、学识等外部因素固然都很重要，但更重要的是依

赖自身的努力与勤奋。缺少勤奋这一重要的基础，哪怕是天赋异禀的雄鹰也只能栖息于树上，望天兴叹。而有了勤奋和努力，即便是行动迟缓的蜗牛也能雄踞山顶，观千山暮雪，望万里层云。懒惰的人花费很多精力来逃避工作，却不愿花相同的精力去努力完成工作。其实，这种做法完全是在愚弄自己。勤奋真的很难吗？勤奋不是天生的，而是后天培养出来的好习惯。大凡有所作为的人，无不与勤奋的习惯有着一定的联系。我们知道"将勤补拙"是李嘉诚的一条重要的人生准则，也是他成功的经验之一。

　　米开朗琪罗曾经有这样一段评价另一位天才人物拉斐尔的话："他是有史以来最美丽的灵魂之一，他的成就更多的是得自于他的勤奋，而不是他的天才。"也有人问及拉斐尔本人如何能够创造出这么多奇迹一般完美的作品时，拉斐尔回答说："我在很小的时候就养成一个习惯，那就是从不忽视任何事情。"直到这位艺术家突然跨鹤西去之际，整个罗马为之悲痛不已，罗马教皇利奥十世更是为之痛哭流涕。拉斐尔终年38岁，但在他短暂的一生中竟然留下了287幅油画作品和500多张速描。仅仅这些简简单单的数字，难道还不能给那些懒惰散漫、游手好闲的年轻人深刻的警示吗？

　　哈默曾经说过："幸运看来只会降临到每天工作14小时，每周工作7天的那个人头上。"他是这么说的，也是这么做的，他九十多岁时仍坚持每天工作十多个小时，他说："这就是成功的秘诀。"巴菲特认为，培养良好的习惯是非常关键的一环。一旦养成了一种不畏劳苦、敢于拼搏、锲而不舍、坚持到底的劳动品性，则无论我们干什么事，都能在竞争中立于不败之地。

　　俗话说："勤奋是金。"一个芭蕾舞演员要练就一身绝技，不知道要流下多少汗水、饱尝多少艰辛，一招一式都要经过难以想象的反复练习。著名芭蕾舞演员泰祺妮在准备她的晚场演出之前，往往得接受她父亲两个小时的严格训练。歇下来时真是筋疲力尽!她甚至累得想躺下来，但又不能脱下衣服，只能用海绵擦洗一下，借以恢复精力。人们看到的舞台上那只灵巧如燕的小天鹅，表现得是那样的轻盈、自信。但这又来得何其艰难!台上一分钟，台下十年功!这其中的酸楚或许只有她自己才会真正的体会吧!

　　勤奋是一种重要的美德。坐等着什么事情发生，就好像等着月光变成银子一样渺茫。希望冥冥之中自由上天的眷顾，那也是不可能实现的痴人妄想。这些想法往往都是懒惰者的借口，是缺乏长远规划者的托辞。有一次，牛顿这样表述他的研

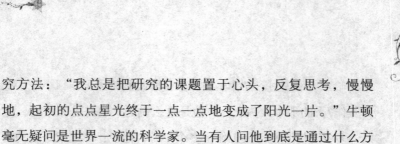

究方法："我总是把研究的课题置于心头，反复思考，慢慢地，起初的点点星光终于一点一点地变成了阳光一片。"牛顿毫无疑问是世界一流的科学家。当有人问他到底是通过什么方法得到那些非同一般的发现时，他诚实地回答道："总是思考着它们。"

正如其他有成就的人一样，牛顿也是靠勤奋、专心致志和持之以恒才取得成功的，他的盛名也是这样换来的。放下手头的这一课题而从事另一课题的研究，这就是他的娱乐和休息。牛顿曾说过："如果说我对公众有什么贡献的话，这要归功于勤奋和善于思考。只有对所学的东西善于思考才能逐步深入。对于我所研究的课题我总是追根究底，想出个所以然来。"

让我们研究一下那些伟大作品的"初稿"，也是一件很有意思的事情，从杰斐逊起草的《独立宣言》到朗费罗写成《生命之歌》，没有哪一部作品在最终完稿前不是经过反复修改和润色加工而成的。据说，拜伦的《成吉思汗》甚至是写了一百多遍才最终定稿的。

美国伟大的政治家亚历山大·汉密尔顿曾经说过："有时候人们觉得我的成功是因为我的天赋，但在我看来，所谓的天赋不过就是努力工作而已。"美国另一位杰出的政治家丹尼

尔·韦伯斯特在70岁生日的时候，谈起他成功的秘密说："努力工作使我取得了现在的成就，在我的一生中，从来还没有哪一天不在勤奋地工作。"所以，勤奋地工作被称为"使成功降临到个人身上的信使"。

如果你时刻保持勤奋的工作状态，你就自然会得到他人的认可和称赞，同时也必然会脱颖而出，并得到成功的机会。

做一个勤奋的人，要知道，阳光每一天的第一个吻肯定会先落在那些勤奋的人的脸颊上。你要相信，在这世界上没有人能只依靠天分而成功，你只有通过自己的努力，才能走向人生的巅峰。如果你永远保持这种勤奋的工作态度，你就会得到他人的赞扬，就会赢得老板的器重，同时也会赢得更多升迁和奖励的机会。

心法修炼

对于想成大事者来说，勤奋才是最好的资本。谁能不停止勤奋的脚步，谁就能够像一颗种子一样不断地从大地母亲那儿汲取营养，从而不断地向成功靠近。你必须要知道，一点点的进步都是来之不易的，任何伟大的成功都不可能唾手可得。许多著名的科学家和发明家的一生，就是顽强拼搏、勤奋刻苦的一生。

勤奋通向成功

普通人离不开勤奋，伟大的成功更是来源于勤奋：

司马迁写《史记》花了15年。

司马光写《资治通鉴》花了19年。

达尔文写《物种起源》花了20年。

李时珍写《本草纲目》花了27年。

马克思写《资本论》花了40年。

歌德写《浮士德》花了60年。

牛顿在剑桥大学30年里，常常每天坚持工作十六七个小时之久。

这些名垂青史的伟人，哪一位没有付出辛勤的汗水呢！勤奋从来就是一切成功者共有的品格。在所有的成功者中，不乏有体魄强健者与羸弱者；不乏有出身显赫者与卑微者；不乏有见识渊博者与水平低下者……但却没有一个不是勤奋的。

　　勤和惰的分别，从远古时代就存在了。勤奋，就如同原始人的钻木取火，用一根木棒猛钻木板，这样可以产生火种，但谁也说不出要钻多久才能生出火来。有的原始人耐不住了，可能扔下木棒，吃生肉去了，最终仍为兽。有的原始人坚持不懈，于是木头终于起火，带来了火的文明。勤劳者吃上熟食，最终进化为人。

　　勤，总是同"苦"字联系在一起的。而甘于吃苦，一辈子勤奋努力，如果没有一点韧性，是很难做到的。

　　就像拉小提琴，其实入门还是比较容易的，但是要想达到炉火纯青的地步，可就不是一件容易的事情了。有一个年轻人曾问小提琴家卡笛尼学拉小提琴要多长时间，卡笛尼的回答是："每天13小时，连续坚持13年。"

　　北宋史学家司马光每天都早起，因为怕睡过头，他给自己做了一个圆木的枕头。枕这种枕头睡觉，只要稍微动一下，枕头就会滚开。头就落在木床上，人就惊醒。司马光把这个枕头叫作"警枕"，意在警策自己，不可松懈、懒惰。

　　以伟大的空想社会主义理论名噪于世的法国人圣西门，他年轻时爱睡懒觉。为了克服这个坏习惯，他让仆人每天早上向他喊道："起来吧，伟大的事业在等待你!"听见这庄严的喊

声，再想睡懒觉的他也只好起来了。

　　18世纪法国哲学家布丰，25岁时定居巴黎。他也有晚起的习惯。后来他请了一个彪悍的仆人来监督自己。他和仆人讲明：不管他晚上多迟才睡下，每天早上5点必定把他叫醒，叫不醒可以拖他起床，他要是发脾气，仆人可以动武，如果仆人没有做到就要受罚。这位仆人忠于职守，终于使布丰每日清晨即起，看书、运动。

　　著名数学家华罗庚说过："我不否认人有天资的差别，但根本的问题是勤奋。我小时候念书时，家里人说我笨，老师也说我没有学数学的才能。这对我来说不是坏事，反而是好事，我知道自己不行，所以经常反问自己：'我努力的够不够？'"这些卓有成就的名人的做法和说法，应该引起我们的反思。毕竟勤奋的工作态度不仅会赢得老板的赞赏，也会得到别人的嘉许，还能给自己带来一份最可贵的财富——自信。

　　再看看那些被懒惰吞噬了心灵的人吧！他们是无法看透这些的，他们总是相信运气之类的东西：别人发财了是幸运，知识广博是天赋，深孚众望是机缘。在工作中，他们总是认为老板太苛刻，因而不愿为他努力工作。但他们忘记了工作时无所事事对自己的负面影响是最大的。更有甚者，有些人还费尽

心思逃避工作，不想投入同等的时间和精力努力工作。他们事实上是在愚弄自己。老板虽然不可能了解员工的每一个工作细节，但任何一个明智的管理者都会明白，努力工作和不努力工作的结果会有什么样的差别。所以升迁和奖赏绝不会降临在这些对工作无所用心的人身上。

很多人习惯用薪水来衡量自己所做的工作是否值得，却忽略了一些更为重要的东西，比如你的勤奋带给公司的是业绩的提升和利润的增长，而带给你的是宝贵的知识、技能、经验和成长发展的机会，当然随着机会到来的还有财富。实际上，在勤奋中你与老板获得了双赢，勤奋不只是为老板负责，更重要的是对自己负责。试想，一个公司不大可能因为你一个人的懒惰而一败涂地，但是因为你个人的懒惰，你可能一辈子都会一事无成。所以，你用不着抱怨，更不用自怨自艾，你需要做的仅仅是勤奋地工作。

如果一个人没有意识到这一点，那么，他在工作中就会琢磨：如何少干点工作多玩一会儿。结果过不了多久，他就会在人才的竞争中被淘汰。所以说，享受生活固然没错，但怎样成为领导眼中有价值的职业人士，才是最应该考虑的。一位有头脑的、智慧的职业人士绝不会错过任何一个可以使自己能力得

以提高、才华得以展现的工作机会。尽管这些工作可能薪水微薄，可能辛苦而艰巨，但它对意志的磨炼，对我们坚韧性格的培养，都是极有价值的。所以，正确地认识你的工作，勤勤恳恳地努力去做，才是对自己负责的表现。

勤奋可以取得成功，但我们还应当意识到勤奋并不等于事业肯定能够取得成功。在科学发达的现代社会里，如果不使自己的努力摆脱盲目性，增加科学性，那么，尽管你勤奋仍然不能获得很大的成就。现代人的勤要勤在思维上，这是知识经济时代的必然要求。即要保持自己勤奋不懈的好作风，又要研究生活中的新事物，勤于寻找巧干的门路，勤于选择一个最佳的突破口，使成功早日来临。

查理·帕克尔是一位爵士乐史上了不起的音乐家。但他曾经在堪萨斯城被认为是最糟糕的萨克斯演奏者。在长达3年的时间里，他的境况糟透了，他甚至连一家愿为他试演的剧院都找不到。他在逆境中拼搏，通过每天11~15个小时的刻苦练习，2年后，他的独奏变得非常的轻盈，又充满惊异和勃勃生机。炉火纯青的技巧终于使他开创了一种前无古人、后无来者的音乐风格。

同时我们也要警惕，如果不是抱有远大的目标，勤奋就很难持之以恒，不是因挫折而怠惰，就是因成功而松懈。难怪肖伯纳要说："人生有两出悲剧，一是万念俱灰；另一是踌躇满志。"这两种悲剧，都会导致勤奋努力的中止。

有自知之明的人，总是对成功的美酒淡然处之，生怕妨碍了自己继续前进的步伐，因此，不要让自己的生活过得太安逸，以保持勤奋进取的精神境界。居里夫人获得诺贝尔奖之后，照样钻进实验室里埋头苦干，而把代表荣誉与成功的奖章丢给小女儿当玩具。实际上，在他们看来，人生最美妙的时刻是在勤奋努力和艰苦探索之中，而不是在摆庆功宴席的豪华大厅里。

从这个角度来看，勤奋和努力就如同一杯浓茶，比成功的美酒更有益于人。一个人，如果毕生能坚持勤奋努力，本身就是一种了不起的成功，它使一个人精神上焕发出来的光彩，是绝非胸前的一排奖章所能比拟的。

心法修炼

你只有通过勤奋努力，比别人挥洒更多的汗水，你才能把握更多事业上的机会，从而在人生的各个方面取得辉煌的成就，赢得精彩的人生。

千里之行，始于足下

有一位计算机专业的博士毕业了，踌躇满志的他，计划找一家大型公司一显身手，但却遭遇到了意外的结果：他的高学历以及他一直引以为豪的热门专业，竟然被那些大公司无情地拒绝了。无奈之下，这位博士决定另辟蹊径。这次，他以最低的身份再次去求职。很快他便被一家电脑公司录用了，做了一名最基层的程序录入人员。就是在这样一份如此普通的岗位上，这位博士却拿出他所有的热情干得兢兢业业，一丝不苟。没过多久，他的出众才华就被上司发现了：他居然能够识别出程序中间的错误，而这绝非是一般录入人员能够做到的。于是，这位博士拿出了自己的学士证书，老板马上给他调换了与本科毕业生相对口的工作。但是没有多长时间，老板又发现他在新的岗位上游刃有余。于是这位博士拿出了自己的硕士证

书，当然这次他又得到了提升。

因为有了前两次的经验，老板就刻意地关注这位博士了。经过了一段时间的细心观察，老板发觉他的专业知识非常的渊博，并且还能在工作中提出很多有价值的建议。于是老板再次找他谈话，直到这时，这位博士才拿出自己的博士学位证书，并且坦诚地诉说了自己之所以这样做的原因，这位博士得到了重用。

在我们的现实生活当中，有太多人他们往往想着一步登天，甚至还整天地幻想着或许哪天，机遇的女神能够光顾，使自己一下子实现自己的人生理想。结果就是在这样的想法支配下，其结果大多也是欲速则不达，甚至有的也是在期待中碌碌无为。其实，上面的那位计算机博士的做法就不失为一种弥足珍贵的人生启迪：他能够在几次碰壁之后，及时地积极主动地调整自己的想法，放下身份与所谓的架子，在实际的工作当中展示自己的才华，一步一步地实现自己的人生目标。

"合抱之木，生于毫末；九层之台，起于垒土；千里之行，始于足下。"在你的人生道路上，哪怕是那些微不足道的进步，你都要对它引起足够的重视，并且为它而欢喜。否则如

若忽略了这些所谓的微小之处，只会让你把握不住大的机遇。

在美国流传着这样一个家喻户晓的小故事：一家著名的牙膏公司里有这样一位小职员，每次他给客户开票据、投寄信函，乃至自己个人消费签发支票、签收邮件时，总在自己的签名下方写上公司的名字和"每支两美元"的字样。他因而被同事们戏称为"每支两美元先生"，久而久之，他的真名反倒没有人叫了。

一个偶然的机会，公司的董事长知道了这件事，他感到很奇怪："他的职员为什么要这么做呢？"于是他便邀请"每支两美元先生"一起共进午餐。结果，他们谈得很投机。不久之后，小职员得到了提拔，后来董事长退休时，让这位"每支两美元先生"做了他的继承者。

其实这位小职员所做的事情谁都可以做到，但只有他一个人去做了，而且一直不懈地坚持。而他的那些同事里面肯定有才华、能力在他之上的，但他们不屑于去做这样的小事，甚至还戏弄我们这位可爱的小职员。但是最终，成功的归属说明了问题。也许有人认为这样的结果纯属偶然，可是，又有谁敢说偶然之中不包含着必然呢！

　　这个美国小职员的故事，是否同中国古代一个广为人知的故事有异曲同工之妙呢？

　　故事发生在东汉的时候，故事的主人公是一名英气勃发的少年名叫陈蕃，他独居一室，而龌龊不堪。他父亲的朋友薛勤批评他，为何不打扫干净以整洁的环境来迎接宾客呢？他却振振有辞地回答说："大丈夫处世，当扫天下，安事一屋乎？"薛勤当即反驳道："一屋不扫，何以扫天下？"

　　其实，陈蕃不愿意打扫自己的屋子，完全是因为在他看来，那样的小事不值得自己亲自去做。胸怀大志，欲成就大事业固然可贵，但是却不一定要以"不扫屋"来作为"弃燕雀之小志，慕鸿鹄以高翔"的表现。

　　凡事总是由小到大，有自己自然的发展进程的，正所谓"集腋成裘，聚沙成塔"。成大事者都不可以忽略那些所谓"小事"的累积，必须按一定的步骤和程序去做，"量"累积到一定的程度就必然会引起"质"的变化，从而完成成功的瞬间飞跃。

　　《诗经·大雅》的《思齐》德牛也有"刑于寡妻，至于兄弟，以御于家邦"之语，意思就是说，先给自己的妻子做榜样，推广到兄弟，再进一步治理好一家一国。试想，少年陈蕃

这样一个不愿扫一屋的人，当他着手办一件大事时，他必然会忽视关联它的初始环节和基础步骤，因为这对于他来说也不过是"扫屋"一样的小事，那么他所做的事业，便如同一座没有打好地基的建筑一样"岌岌乎殆哉"了。

心法修炼

我们要想成功，就必须安心从点滴做起，只有这样才能实现最终的目标。我们憧憬明天的辉煌，但是我们也要深深地知道：明天是由每一个今天组成的。只有有了迫切的向往，有了坚定的行动，才能在成功的道路上稳步前行。

勤奋创造奇迹

皮尔·卡丹从小就对服装表现出不同寻常的兴趣，即使是在最贫困的时候，他也喜欢在街上游逛，透过时装店的玻璃窗子，那里面多姿多彩的时装常常使他流连忘返。一个梦想在他幼小的心中升腾："以后，我也能做出许多好看的时装！"

上中学的时候，皮尔·卡丹由于贫困不得不退学去做工，他的选择是去裁缝店当小学徒。他的梦想，他的天才，他的勤奋，使他的技艺神速提高，很快就超过了师父。这使得他在当地小有名气。然而他并未因此而满足，他清楚地知道自己的梦想是当一个时装设计大师，而不是一个简单的缝衣匠。

他为此下决心要去世界时装艺术中心巴黎闯荡一番。然而，此时正值第二次世界大战之初，巴黎战云密布，皮尔·卡丹流落到一个小城里，只好先在一家服装店里工作以维持生活。几年以后，他又成了这家时装店最出色的裁缝。

　　有一天，皮尔·卡丹遇到一位贵妇人。她似乎对他高雅奇特的服装很感兴趣，当她听说这是他自己设计制作的，她更是十分惊讶，贵妇人不由得感叹地说："孩子，你一定会成功的。"随后便离开了。其后不久，皮尔·卡丹带着贵妇人提供的名片再次来到了巴黎，按照名片上的地址，他找到了爱丽舍宫对面街上的女式服装店。凭着他高超的技术，老板毫不犹豫地收下了他。在那里，皮尔·卡丹潜心于自己的工作研究，对高级服装的制作有了更成熟的经验。

　　机遇的女神终于降临了，在为法国先锋派电影《美女与野兽》设计服装时，皮尔·卡丹的服装设计在影片中大放光彩，这也使他一举成名，成了巴黎服装界引人注目的新星。

　　从此以后，皮尔·卡丹开始不断地激励自己去追逐和实现自己的梦想。终于，1949年，皮尔·卡丹的第一家服装店正式开张了。此后，他不遗余力地在全球拓展他的品牌和他的商业帝国的疆域。他的成功之梦似乎永无止境……

　　皮尔·卡丹的故事，给予我们太多的启示。那些在困境中成长起来的成功人士，他们似乎向来不缺乏勤奋和勇敢的精神。为什么他们拥有财富？为什么他们能成功？重新思考这些

问题的时候，我们对富人、对财富会有新的认知。

让我们再来看看那些登上福布斯富豪榜的财富英雄们，我们常常会感慨万千。富豪们艰苦创业、勤奋工作的精神真的令人感动。而我们所撷取的一个个令人感动的故事，只是他们生活中的小小插曲罢了。当然，从这些小小插曲中我们可以看到，他们中的每个人都有无数相似的经历，创业总是艰辛的，他们能够获得今天的财富，远比我们想象的要难得多。勤奋刻苦已经与这些白手起家的福布斯富豪们终生相随。

那些所有的杰出人士，都具有"再来一次"这种不轻易放弃的情结。"即便有一天我忽然什么钱都没有了，我也不怕。我还可以当农民，还可以一步步从头做起！我可能年纪大了点，但我干活会勤奋，看门就把门看好，扫地就把地扫干净，老板还会认同我，也许会给我开高点工资。"希望集团董事长刘永好曾这样说过。拿破仑·希尔也曾经说过："在放弃所控制的地方，是不可能达成任何有价值的成就的。"

勤奋刻苦，一直被视为中华民族的传统美德。生活中，当勤奋刻苦的箴言因为熟悉而快要失去震撼力的时候，富豪们的创富故事再次令我们震动。

远大集团总裁张跃就是一个不相信机遇、不相信捷径的

人。他常说："这是好多人的愿望，就是想找到捷径。我简直就不相信有机遇这个词。这一点我特别疯狂。我总相信，如果说有机遇的话，那对每个人都是一样的，为什么你抓不到，他抓到了？你可能不够勤奋，导致感觉或直觉比较麻木，而勤奋的人会持续不断地提高自己的素质，变得越来越敏锐。"

财富永远不可能为守株待兔者真正拥有，或许一次、二次可以侥幸得之，但它最终垂青的必然是那些大胆行动的人。很多亿万富豪都告诉人们要获得财富，必须从现在就开始行动，敢于迈出去。也许，你已经考虑过自己的兴趣爱好。那么，现在你就可以从查看招聘广告开始，去找学校或职训中心，或跟已经干上那一行的人交谈，搞清楚有哪些机会。等你了解了较多的情况，你就可以判断是否要继续下去。我们要知道，要取得成功就得大胆行动起来，并全力以赴!

人们都想有所成就，想获取财富，但是没有动手就感到非常艰难，他们搞不清楚自己想要做什么。由于思想上没有一个明确的目标，所以觉得很难决定下一步要做什么。于是，他们就束手坐在那里等待奇迹。然而，奇迹并不是光凭等待就会来的，奇迹需要自己去争取。

一个业务员要成功，就必须大胆拜访客户，如果他不知道

最顶尖的业务员一天要拜访多少个客户，那么，他根本就没有成功的机会；如果他无法付出顶尖业务员所付出的精力，他也根本无法提高成绩。

富豪们永远比一般人做得更多。当一般人放弃的时候，他们在找寻下一个机会。他们总是在寻找如何自我改进的方法，他们永远在不断地改善自己的行为、态度、举止，他们总是希望自己更有活力，总是希望自己产生更大的行动力。相比之下，那些无所建树的人饱食终日、无所用心，每天抱怨一些负面的事情。却很少见到他们有任何的实际行动。因此，我们说，所有的计划必须大胆地化为行动，因为行动才有力量。不管现在决定要做什么事，不管现在设定了多少目标，也不管面临怎样的困境，必须要立刻行动、大胆行动。

心法修炼

一个渴望成功的人，当他将自己最初的梦想化作强烈的欲望、进而将这种梦想和欲望转化为生命中不可或缺的动力，并在心灵深处形成一种无时不在的自我激励机制的时候，它所产生的伟大力量，无论你用什么样的语言去形容都不为过。

永不放弃

若干年前，在埃塞俄比亚阿鲁西高原上，每个清晨和傍晚，都会有一个腋下夹着书本飞奔的小男孩的身影。若干年后，也正是这个小男孩，他在世界长跑比赛中先后15次打破了世界纪录，成为当时世界上最为优秀的长跑运动员之一。他就是海尔·格布雷西拉西耶。

当这位世界冠军回忆起童年的那段经历时，他不无感慨地说："或许现在我要感谢我童年的贫穷，正是因为贫穷的家境，使跑步上学成了我当时唯一的选择。但是我自小就喜欢那种感觉，我觉得那就是一种幸福。"

是的，我们都希望能够摆脱贫穷，过上幸福的生活。可是当贫穷无可避免时，我们就要学会把握贫穷。试想，如果当年海尔因为每天跑步上学、回家，而感到辛苦便不做这样的坚持，那还会有后来的长跑世界冠军吗？

　　世上从来就没有不劳而获的，如果你能坦然面对种种的挫折与失败，决不轻言放弃，那么你一定就可以达到成功。放弃了，相应成功的机会也就与你彻底绝缘了。不放弃，你至少还有一份成功的希望。

　　爱迪生说："成就伟大事业的三大要素在于：第一，辛勤的工作；第二，不屈不挠的精神；第三，自由运用自己的专业知识。"比尔·盖茨说："成功之路只有一条，那就是努力工作。倘若你想投机取巧，等待你的只是一生的平庸。"

　　真正的成功就是要坚持永不放弃的精神，正如温斯顿·丘吉尔所说的那样："绝不！绝不！绝不放弃！"现实情况告诉我们，那些最著名的人士他们获得成功的最主要的原因，就是他们绝不因为失败而放弃。就像路易斯·拉莫尔这位世界著名的作家，他著有100多本小说，并拥有2亿的发行量，然而你知道他的第一本书是怎么向出版商推销出去的么？那可是整整的被出版商拒绝了350次啊，这究竟是怎样的一种坚韧的精神啊！

　　希望集团的刘永好曾经说过："现在对我而言，再多一个亿和多几百块钱是没有什么本质区别的，因为当自己的生活所需得到满足之后，钱就已经不是你所追求的最终目标了。支撑你不断前进的是不断的追求和奋斗。"

你人生每一阶段的每一次成功，都是把握你意向的收获。如果没有想要达到某一目标的意向，人就不会努力下去，也就不会有成功的一天。

罗伯特·皮尔是英国参议院中杰出的辉煌的人物。在他谈及自己的成功经历的时候，他说当他还是一个小孩的时候，父亲就让他尽可能地背诵一些周日训诫。当然，起先并无多大进展，但天长日久，滴水穿石，最后他能逐字逐句地背诵全部训诫内容。在后来的议会中，他以其无与伦比的演讲艺术驳倒他的论敌。但他在论辩中表现出来的惊人记忆力，正是他父亲以前严格训练的结果。

在通向成功的茫茫大海之上，持之以恒是你的良友，要是失去它，即使彼岸就在眼前也会继续徘徊在波涛之间。恒心是成功的双桨，失去了它就失去前进的动力，如果你希望成功，就要学会持之以恒。

即使你当下所定立的目标因为受外在的不利因素影响，不能圆满实现。但是在你奋斗的过程中，你却有着精神的胜利与舒畅、内心的充实和快乐。一个人愈能储蓄则愈易致富。就像你愈能求知则你愈有知识一样。这种零星的努力、细小的进

步，日积月累，可以使你日后大有收益。

不要介意别人的讥讽和不解，即便有人说你的努力是得不偿失也没关系。付出得少，得到得必定也少。千万不要灰心丧气。尽力去干吧，现在播下的种子，日后定会开花结果。

耐劳是苦涩的，但它的果实是甜蜜的。能够耐劳就能摆脱一切厄运，战胜一切困难；能够耐劳就能掌握自己的命运，达到自己的目的。持之以恒是一种力量，用它来磨练心志、陶冶性情，只要你能持之以恒，就一定会到达成功的彼岸。

心法修炼

持之以恒能使一双笨拙的手变得灵活，也能使一个普通的头脑变得聪明，更能使一个平庸的生命变得不再普通。有了这种精神，你就会生机勃勃，充满活力，永远不会感到疲乏和厌倦。此时，成功的人生自然就在你的掌握中了。

第六章

知识更新——时刻给自己充电

知识就是财富

　　某杂货店的一名推销员失业了，幸好他发现自己有一点儿记账的经验，所以他就开始选修会计课程，并经营起生意来。从雇用过他的杂货店开始，相继与百余家小商店签订合同，为他们记账，按月向他们收取极低的费用。他的主意很实用，不久他又发现可以在一辆轻型的送货卡车上设立一个流动的办公室。他的主意成功了，他现在已有许多在汽车上的会计办公室，雇用了众多的助手，使许多小商店花费少量的钱，而获得最佳的服务。

　　这个独特的成功生意，其主要的组成成分是专业的知识加上想象力。现在，那名推销员每年的收益，几乎是他在失业时那位杂货商付给他的工资的10倍。

　　这个成功的生意，就是以一个主意为开端的。一个好主意

是无价的，而在所有主意的背后起支撑作用的就是知识。

有一位日本的著名企业家指出："赚钱需要学会将个人所掌握的知识量，最大限度地转化为自己所能控制使用的知识量，从而最大限度的将知识转变成财富。"

在春秋战国时期，宋国有一家人，以漂洗丝布为业。冬天天气很冷，而这家人，由于从祖宗那儿传下来的土方可以防止皮肤冻裂，因而也就比他人能赚更多一点儿的钱。有一个商人听说此事，表示愿意用百金来收购这个秘方。这家人商量了一下，欣然同意! 而商人得到药方之后，马上将其献给吴王。当时吴国与越国相争，适值严冬，很多士兵都生了冻疮。吴王将防冻膏装备军队后，战斗力大增，大败越军。吴王非常高兴，便把一大片土地封赏给这个商人。

那个药方，我们不妨把它看成一种有价值的知识。但是同样的知识，在最早的拥有者那里只是赚一点儿小钱，而商人，却用它换到了那个宋人永远也想不到的丰厚回报。

做生意离不开知识，有了知识便可以走向成功，没有知识则很有可能"鸡飞蛋打"，最后老本赔光。当然知识也是在不断发展的，人们对于财富的认知体系也是在不断发展。在奴隶

社会中，奴隶的数量就是财富的象征；在封建社会，土地变成了财富；到了资本主义社会，资本的数量就是财富；在现代信息社会里，知识就是财富。

20世纪以来，随着劳动生产率的提高，大约有80%~90%的利润是靠采用新技术取得的。并且随着科学技术的迅速发展，预计在不久的将来，劳动生产率将提高到现在的8倍以上。在生产的过程中，劳动者支出的体力和脑力劳动之比，在机械化初期是9∶1，在中等机械化初期是4∶6，在高度机械化、自动化生产中将是1∶9。可以说经济的竞争即是科学技术的竞争。

当知识经济时代到来，人们的社会竞争和个人发展，对知识的依赖性更加增强，各行各业的成功人士都在不断地获取他们所需要的专业知识。在市场经济中，知识成为一种昂贵的商品，知识的有偿性和价值性更广泛地被人们自觉地接受。知识就是黄金，知识就是优胜。

知识是一个文明的概念，其大体可以分为两种，一种是一般常识，另一种是专业知识。一般常识对累积财富并无多大用处。就像大学教授拥有各种知识，但是他们大多不是上级别的富翁。知识本身并不能产生财富，只有在获得知识之后，将其组织起来，并通过切实可行的计划用以实现即定的目标。要知

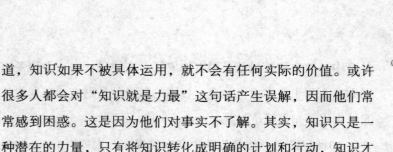

道，知识如果不被具体运用，就不会有任何实际的价值。或许很多人都会对"知识就是力最"这句话产生误解，因而他们常常感到困惑。这是因为他们对事实不了解。其实，知识只是一种潜在的力量，只有将知识转化成明确的计划和行动，知识才能成为真正的力量。

反观我们现代的教育制度，学生们在课堂上得到知识之后，他们并没有学会如何去组织和利用这些知识。那么，我们要如何运用所学的知识，才能最大限度地获得财富呢？首先你要决定你所需要的专业知识。通常情况下，人生的主要目的和你现在所要达到的目标，将决定你所需要的知识。下面几个重点需要引起注意：

（1）你本人的知识构成情况和经验积累。

（2）与他人合作的重要性认识。

（3）进行专业知识课程的学习。

可以说，知识现在已经开始成为人谋生的手段。通过学习获得知识，已经变成一个人生存不可缺少的条件。随着人们生活质量、生活品位的提高，知识成为提升一个人生活品质的重要手段。

心法修炼

知识经济时代，生存就是学习。全息的生存，必须与全息的知识、学习、教育紧密地结合在一起。此时，知识的获得会呈现出高度的整体性（终生教育）和个别性（自我教育）。人生真正成为一所大学校，谁能够整体性、实时性地操作成功，谁就是新生活的宠儿。

知识决定命运

1984年，美国最具权威、最有影响力的金融经济报纸《华尔街日报》报道：美籍华人蔡志勇被任命为美国制罐公司的主管人和主席。1985年《财富》选出的美国500家最大工业公司之中，蔡志勇的美国制罐公司排名第124位，蔡志勇在华尔街的地位，显然是毋庸置疑的。

在美国商场上，是否精通经营管理，则是事业成败的关键所在，而蔡志勇正是拥有高学历又有生意头脑的一流商业人才。他在"忠诚"管理及研究公司工作的6年时间里，使这家公司经营的互惠基金业务的收益，以每年15%的速度增长，因而在同行业中的知名度大增，他被誉为"拥有点石成金术的人"。1965年，蔡志勇将他拥有的公司股票卖回给公司，创立了他自己经营的互惠基金业的蔡氏经营与研究公司，奠定了自

己在美国金融界崛起的基础。

蔡志勇的创富经历绝非侥幸，可以说他所取得的点点滴滴都是靠"知识"挣回来的。这位在华尔街打拼了几十年，拥有4亿美金身价的"金融魔术师"从小就深受父亲的影响，父亲的言传身教，令他从少年时代就有了强大的创富欲望，从而在日常的点滴中刻意地注意学习和积累。

歌德曾经说过："人不只是生来就拥有一切的，而是靠他从学习中所得到的一切来造就自己。"

知识决定命运，一是指知识本身所具有的前所未有的巨大作用；另一方面，知识能够重塑人的性格，通过学习造就成功的人生。对此，许多智圣先贤，已有过明确而精彩的论述。

西汉扬雄认为："学者，所以修性也。视、听、言、貌、思，性所有也。学则正，否则邪。"

曾国藩曾说过："人之气质，由于天生，本难改变，惟读书学习可以改变人。"

培根在《论读书》中论述："读史使人明智，读诗使人聪慧，演算使人精密，哲理使人深刻，伦理学使人有修养，逻辑修辞使人善辩。"

显然，他们认为学习是可以对人有所改变的。

　　休谟则从另一个角度论述道："认真留意于科学和文艺，能使心性变软且富于人情，使良好情感欢乐，而真正的美德和尊严就在其中了。一个有鉴赏力和学识的人，由于他的心灵致力于思考学问，必定能克制自己的利欲和野心，同时必定能使他相当敏锐地意识到生活中的各种礼节和责任。他对品格和作风上的道德差别有比较充分的识别力。他在这方面的良知不会被削弱，相反，会由于思考而大为增进。教育的丰硕成果能使我们确信，人心并不全是冥顽不可雕的，可以探根求源对它进行许多改造。只要让一个人给自己树立一个他所赞美的品格榜样，让他好好熟悉这个榜样的具体特点以便塑造自己，让他不断努力地警惕自己，避开邪恶，一心向善，我不怀疑，经过一段时间，他就会发现他的品格有了一个较好的变化。"

　　相反，如果一个人不读书、不求知、不上进，那他的生活将会是怎样的呢？林语堂先生在《读书的艺术》里就有这样的一段论述：

　　那个没有养成读书习惯的人，以时间和空间而言，是受着他眼前的世界所禁锢的。他的生活是机械化的、刻板的；他只跟几个朋友和相识者接触谈话，他只看见他周遭所发生的一些事情。他在这个监狱里是逃不出去的。

　　可是，当他拾起一本书的时候，情况就大不一样了。

　　他立刻走进一个不同的世界。如果是一本好书，他便立刻接触到一个世界上最健谈的人。这个谈话者引导他前进，带他到一个不同的国度或不同的时代，或者对他发泄一些私人的悔恨，或者跟他讨论一些他从来不知道的学问或生活问题。

　　"读一本好书，就是和许多高尚的人谈话。"歌德也曾做过这样的论述。

　　在当前竞争日益加剧的社会里，等到对手碰面时，胜负其实早已定了。就像武林高手格斗，最终拼的是内功，是靠武学的修为和领悟而决胜负的。因此竞争早就开始，比的就是"准备"，比的就是日积月累。

　　类似于这样的积累和准备，可以说是知识的积累和准备，也可以说就是心态的准备、目标的准备和行动的准备（调整心态，明确目标，采取行动，都可以视作求知的一部分）。

　　英国学者爱迪生说道："知识仅次于美德，它可以使人真正地、实实在在地胜过他人。"假如没有知识(包括资讯、心态、目标等)的准备，你将不会找到什么机会，也不可能碰到什么机会。知识的准备和积累，不仅仅是书本知识，而应该是广义的知识。

按墨家的说法，知识大概有三种：一是亲知；二是闻知；三是说知。亲知是亲身体会得来的，即从实践中、从"行"中得来的；闻知是从旁人那儿得来的，或由师友口传，或由书本及其他传媒传达的，都属此类知识；说知是推想出来的知识，是新创的知识。从这个意义上说，调整心态、明确目标、采取行动的过程，实质也就是一个求知创新的过程。

　　一个人不能为读书而读书，读书的最终目的是为了实际生活当中的应用。生活中有不少人也经常在读书，甚至有的还自认为是博览群书、自命不凡，但是他们却没能将所学的知识做到活学活用，尤其是在商品经济的大潮中，这群平时不注意接近现实，对外界知之甚少或者完全不知的人，其结果书读了和没读也没有太大的区别，甚至有的还带来了害处。

　　学习就是创新。在学习中创新，在创新中学习，学习创新，创新学习，循环往复，不断进步。一如苏联科学家齐奥尔科夫斯基所言："我在发明创造中学习。"因此，广义地说，学习是创新的唯一捷径，也是成功的唯一捷径。成功无止境，创新无尽时，学习无绝期。

心法修炼

现实教育我们，即使是那些最聪明的智者，也要永远学习。所以成功的人生应该像河流，前方无论多少艰难险阻，都必须矢志不渝，不断吸纳，不断积累，不断准备，最终会后积而薄发的。

学习是一生都要面对的课题

　　孔子一生勤奋学习，到了晚年，他特别喜欢《易经》。《易经》是很晦涩难懂的，学起来也很困难，可是孔子不怕吃苦，反复诵读，一直到弄懂为止。因为孔子所处的时代，还没有发明纸张，书是用竹简或木简写成的，把许多竹简用皮条编穿在一起，便成为了一册书。由于孔子刻苦学习，竹简翻看的次数太多了，竟使皮条断了三次。后来，人们便据此创造出了"韦编三绝"这个成语，以传诵孔子勤奋好学的精神。

　　社会的竞争就像一场马拉松比赛，别人都在飞奔，你自己怎么能停？所以"终身学习"已经成为十分迫切的需要。学习在我们年轻的时候，可以陶冶我们的性情，增长我们的知识；到我们年老时，它又给我们以安慰和勉励。

　　苏东坡自幼天资聪颖，在他父亲的悉心教导下，学业大有长进。小小年纪博得了"神童"的美誉。少年苏东坡在一片赞扬声

中，不免飘飘然起来。他自以为阅尽天下文章，颇有点自傲。一天，他兴之所至，挥毫写下了一副对联："识遍天下字，读尽人间书。"他刚把对联贴在门前，便被一位白发老翁看到了，他深感这位小苏公子也太过狂傲了，便想给他一个教训。

过了两天，老翁手持一本书，来面见小东坡，声称自己才疏学浅，特来向小苏公子求教。小苏东坡接过那本书，翻开一看傻了眼，那上面的字他竟一个都不认识。老翁见小东坡呆立在那儿，便又恭恭敬敬地说了声："请赐教。"这下，小东坡的脸红得像一块红布一样，无奈，他只得如实告诉老翁，他并不认识这些字。老翁听了哈哈大笑，捋着白胡子指了指那副对联，拿过书本，扭头走了。

小苏东坡望着老翁的背影，惭愧地提笔来到门前，在那副对联的上下联前各加了两个字：

发奋识遍天下字

立志读尽人间书

并以此联铭志，要活到老，学到老，永不满足，永不自傲。从此，他一改以往狂浪的姿态，手不释卷，朝夕攻读，虚

心求教，最终成为北宋文学界和书画界的佼佼者。

所以，青年人必须要把自己的精力与心思，放在收集、学习与研究那些以后自己的人生之旅所需要的知识、学问与技能上面，这就是要"再教育"。如何使自己成为人才呢？我们首先就要弄清我们所要成为的"人才"，到底有怎样的内涵？从经济层面看，人才就是特别为社会所需要的人。简单地说，社会需要两种以上知识相叠相补充的人。例如机械工业很有发展前途，但是现在在机械工业里，已大量介入电脑应用，机器配上电脑则可成为附加价值甚高的产品，因此其所需要的人才是即懂机械又懂电脑的人才，你若二者具备，就是他们需要的人才，你的机会就比只懂机械或电脑的人多。

在美国一般制造业的大公司里，要想升任总裁或副总裁等重要职位，必须即懂该公司产品制造的工业，又要懂得企业管理，只有这种人，才能将公司经营管理得更好。否则你即使再优秀，也只不过是一名优秀工程师而已，你最多做到工厂厂长，但却很难当上总裁。彼得扎克说："在人生的这场游戏中，你应当保持生活和学习的热情，不断地吸取能够使自己继续成长的东西来充实你的头脑。"因此在美国，很多公司的工程师都跑到学校再去念一个企管硕士，如此努力地"再教育"

自己，公司对此也不会视而不见的，一般这样的员工大多会有更上一层楼的机会。

在我们的工作、生活中，需要相当多的知识和技能，这些在课本上都没有，老师也没有教给我们，这些东西完全要靠我们在实践中边学边摸索。可以说，如果我们不继续学习，我们就无法取得生活和工作需要的知识，无法使自己适应急速变化的时代，我们不仅不能搞好本职工作，反而有被时代淘汰的危险。

当今，科学技术飞速发展。据美国国家研究委员会调查，半数的劳工技能在1~5年内就会变得一无所用。特别是在软件界，毕业10年后所学还能派上用场的不足1/4。我们只有以更大的热情，如饥似渴地学习、学习、再学习，才能使自己丰富起来，才能不断地提高自己的整体素质，以便更好地投入到工作和事业中。

许多人认为"学习是很辛苦的"，曾荣获"联合国和平奖"的日本著名社会活动家和国际创价学会会长池田大作却提出了享受"学习的喜悦"的观点。池田大作指出，人能否体会到"阅读的喜悦"，其人生的深度、广度，会有天渊之别。

终生学习在过去似乎更是一种人生的修养，而在今日，它成了人生存的基本手段。特别是近年来，新技术、新产品和新服务项目层出不穷，就业能力的要求随着技术进步的加速也在不断变化着，标准的提高，使得技术发展的要求与人们实际工作能力之间出现了差距。由此产生了一种相当普遍的社会现象：一方面失业在增加，另一方面又有许多工作岗位找不到合适的就业者；一方面争抢人才的大战异常激烈，另一方面又有大批在岗者被迫离开岗位。伴随着知识经济的来临，企业对劳动力不再只是数量需求，更重要的是对其质量有了新的标准和需求。强化知识更新，树立"终身受教育"的观念已成为时代的呼唤。

美国公司的企业主管，在录用新职员时都说："You will shape up or shape up."意思是："你要不断进取、发挥才能，否则将被淘汰。"竞争激烈的现代社会对职员的要求就是这样。突破现状、不断进取是事业成功的必备条件，也是时代的必然要求。

无论是出于外在竞争的压力，还是出于内在精神的需求，在现在这个信息时代、知识经济时代，学习不仅仅是一个学习时间的延长问题，而必须有其方式的革命，否则，我们仍是无法适应这个时代。对学习方式变革的迫切性和重要性，无论怎么形容都不会过分。

　　阿尔温·托夫勒把虽然想要学却不知道学习方法的人，叫作"未来文盲"。一个不懂学习方法的人，在过去不能算作一个文盲，但在未来他就是文盲，他的勤奋并不管用。"书山有路勤为径，学海无涯苦作舟"恐怕也得成为历史名言，因为"勤"和"苦"，都不再是这个时代学习方式的特征了。

　　终生学习，首先应当服从自身的生存目的。一个不明确自己生存目的的人，即使他改进了学习方法，即使他变得一目十行，一天能读四本书，甚至一分钟能读几万字，但他整个人生的生存状态是茫然无措的。这使我们想起了穆拉·那斯鲁丁的故事：

　　穆拉·那斯鲁丁在行色匆匆的人群中一路小跑着。有人问他："穆拉，你急着去哪里？"

　　"我不知道。"

　　"那你在干什么？"

　　"我在赶时间。"

　　每一个人都一定有自己的生存目的，它或许是有意识的，或许是无意识的。但是像穆拉这样，想必他每天就是没有一刻的闲暇，他也是不会取得成功的。

终生学习，"与书为友"的人是坚强的。因为他能自在地品味、汲取古人的精神财产，运用自如。这种人才是"心灵的巨富"，以钱财来说，就像拥有好几家银行一样，需要多少就能提取多少。要达到这种伟大的境界，最重要的是养成读书的习惯。

心法修炼

人的一生是一个逐步成长的过程。终生进行学习，是人在社会生存的最佳的选择。终生学习的充分发展，使社会向着学习型转化。终生学习的思想突出了学习者的中心位置，突出了学习与人的生命共始终。

更新知识，与时俱进

三国时期，孙权部下吕蒙虽身居要职，但因小时候没有机会读书，学识浅薄，见识不广。有一次，孙权对吕蒙说："你现在身负重任，得好好读书，增长自己的见识才是。"吕蒙不以为然地说："军中事务繁忙，恐怕没有时间读书了。"孙权说："我的军务比你要繁忙多了。我年轻时读过许多书，掌管军政以来，又读了许多史书和兵书，感到大有益处。希望你也不要借故推托。"孙权的开导使吕蒙很受教育。从此他抓紧时间大量读书。后来，在一次交谈中，善辩的鲁肃竟然理屈词穷，被吕蒙驳倒。鲁肃不由感慨："以前我以为老弟不过有些军事方面的谋略罢了。现在才知道你学问渊博，见解高明，再也不是以前吴下的那个阿蒙了！"吕蒙笑笑："离别三天，就要用新的眼光看待一个人。今天老兄的反应为什么如此迟钝

呢?"后来，孙权赞扬吕蒙等人说："人到了老年还能像吕蒙那样自强不息，一般人是做不到的。一个人有了富贵荣华之后，更要放下架子，认真学习，轻视财富，看重节义。这种行为可以成为别人的榜样。"

现在，我们正处在一个知识迅猛发展的时代，科学技术日新月异，知识迅速更新，要适应社会的发展就必须不断地学习。不意识到这一点，难免会成为新时代的文盲。

抱朴子曾这样说："周公这样至高无上的圣人，每天仍坚持读书百篇；孔子这样的天才，读书读到'韦编三绝'；墨翟这样的大贤，出行时装载着成车的书；董仲舒名扬当世，仍闭门读书，三年不往园子里望一眼；倪宽带经耕耘，一边种田，一边读书；路温舒截蒲草抄书苦读；黄霸在狱中还师从夏侯胜学习；宁越日夜勤读以求15年完成他人30年的学业……详读六经，研究百世，才知道没有知识是很可怜的。不学习而想求知，正如想求鱼而无网，心虽想而做不到。"

抱朴子又说："人性聪慧，但没有努力学习，必成不了大事。孔夫子临死之时，手里还拿着书；董仲舒弥留之际，口中还在不停诵读。他们这样的圣贤，还这样好学不倦，何况常人，怎可松懈怠惰呢?"

求知的传统要继承，苦读的精神要发扬，同时学习的观念也要发展。

昨天的文盲是不识字的人，今天的文盲是不会外语、电脑的人，那么，谁是明天的文盲呢?联合国教科文组织已对此做出了新的定义："不会主动求新知识的人。"

知识经济里"知识"的概念，已经比传统概念扩大了，它包括四个方面：

第一，知道是什么的知识，即关于事实方面的知识，如某地有多大面积、多少人口等等。

第二，知道为什么的知识，即指原理和规律方面的知识，如物理定理、经济规律等等。

第三，知道怎么做的知识，即指操作的能力，包括技术、技能、技巧和诀窍等等。

第四，知道是谁的知识，包括了特定社会关系的形成，以便可能接触有关专家并有效地利用他们的知识，也就是关于管理、控制方面的知识和能力。

可见，这里的知识包括了科学、技术、能力、管理等等。世界经合组织把第一类、二类知识称为"归类知识"。第三类、四类知识称为"沉默知识"，即比较难于归类和量度的知

识。一类、二类知识可以通过读书和查阅数据库、资料而获得，也可以通过传授而获得；而三类、四类知识，主要靠实践才能获得。其中第三类知识学习的典型例子是师带徒，言传身教，而且还必须通过亲身的实践才能学到手；第四类知识在社会实践中，有时还得通过特殊的教育环境学习。第三类、四类知识是在社会上深埋着的知识，不易从正式渠道获得这些知识。

知识型经济的特征，是需要不断学习归类信息并充分利用这种信息，特别是在选择和有效利用信息的技能和能力变得更重要。选择相关信息，忽略不相关信息，识别信息中的专利，解释和解读信息以及学习新的技能，忘掉旧的技能，所有这些能力显得日益重要。由于"知识"概念的扩展，使得学习的环境、目的、方式、内容等都比传统概念大大扩展了。

现在，学习的过程并不完全依靠正规教育。在知识型经济中，边干边学是最重要的，学习的一个基本方面是将沉默知识转化为归类知识，并应用于实践中去。目前，由于信息技术的飞速发展，非正规环境下学习和培训是更普遍的形式。

正如安妮·泰勒在《创造未来》一书中所说："也许学校不再像学校。也许我们将把整个社区作为学习环境。"时代飞速发展，环境急剧变化，再没有一劳永逸的成功，只有不断创新的人。因此你必须不断学习。学习是一种生活，一种生存方式。没有学习。便没了"生存"。学习，是一辈子的事。

心法修炼

万丈高楼平地起，要事先打好牢固的基础；枝繁叶茂的大树，要靠深入地下的根系供应营养和稳固身躯。想要在这个知识加速更新的现代社会立足，或许昨天的知识今天可能就已经陈旧了，昔日的知识分子如果不加强学习的话，或许就会成为新的"文盲"。

投资知识，收获成功

陈安之，亚洲成功学第一人，27岁就成为亿万富翁。但是你可曾知道，他曾经换过19份工作，而且19份工作还都做得不是很成功，甚至在经历了几年工作后，他的财产还是0.00元。但是他坚定的态度决定了他的成功。在他还是那样"穷困"的时候，他借钱去参加了全球著名培训大师安东尼（讲课收入一小时高达100万人民币）的一次培训。他受到了安东尼的感染，一下子领悟到了成功的真正含义。

因此，要想成功就不要吝惜对知识所做的投资，那怕当时的投资额是巨大的，可是你要坚信这样的投资的成果绝对是丰硕的。在我们的周围，常常听到一些人抱怨现在教育费用太高、书籍太贵。可是他们可能没有意识到，这是对他们今后的人生所做的智力投资，而且这种投资足以关系你的一生。明智的人，宁肯节衣缩食，也绝不在这上面吝啬一分钱。

　　你必须意识到只有真正的教育是对你最有利的投资，但是什么才是"真正的教育"？有人以为教育是指学校内的教育，或文凭、证书、学位等，但是这些并不能保证一定可以造就一个成功的人物。

　　通用电器公司的董事长柯丁纳先生，曾经这样解释高级主管对于教育的看法，他说："公司里最出色的两个总经理，威尔森先生与柯夫茵先生，根本没念过大学。目前高级主管中虽然有人得了博士学位，但在41个高级主管中，仍有12人没有大学文凭。因为我们重视的是他们的能力，而不是文凭。"

　　文凭是现代社会求职的一块有利的敲门砖，它可以使你相对容易地找到你心仪的工作，但它却不能保证你在这份工作中一定会有什么成就。

　　现在，人们更加重视的是能力，而不再是文凭。人们已经逐渐认识到，教育只是一个人大脑中资料的数量而已，这种死板的记忆并不能帮助你得到一直向往的事物：因为储藏资料的仪器设备愈来愈多，如果我们还只能做些一部机器就能做到的事，就会被淘汰了。

　　教育可以帮你训练你的头脑，以便适应千变万化的各种情况，并且解决各式各样的难题。有意义的书刊也有类似的效

　　果，因为这些书刊可以充实你的心灵，带来许多值得仔细思考的建设性资料。你每个月至少要买一本好书，同时订阅两种好杂志。这样，可以使你用最少的金钱和时间来吸收最新的观念。

　　有一天午餐时，拿破仑·希尔听到有人提道："订一份华尔街杂志一年要20美元，我付不起啊！"他的同伴却说："哈！不订才划不来呢！"你们说说看，这两个人的心态差异有多大。

　　真正的教育是那些值得我们去投资的那种教育，它可以发挥我们的智慧。拿破仑·希尔提到的一个人所受教育的好坏，是以他对思考的有效运用程度来衡量的。

　　任何足以改善思考能力的事情都是教育。你可以由许多不同的方式来获得自己所需要的教育。但是对于大多数人而言，接受教育的最佳场所，就是各种大学与专科学校，因为教育本来就是这些学校的作用与专长。

　　如果你还没念过大学，很可能急着挤进去就读。当你看到大学中种类繁多的课程时会很高兴。当你发现工作之余还来念书的都是些什么人时会更高兴。这些学生不是为了文凭才念书的人，他们都是社会中很有作为的中坚分子，有些人地位已相当高了。

　　拿破仑·希尔在夜间部所教的一班25人中，有1个学生是

12家连锁商店的老板，有2个学生是全国食物联盟的采购员，有4个学生是工程师，有1个是空军上校，还有几个身份地位也相当的高。

今天有许多人是在夜大拿到学位的，但是他们的学位只是一张薄纸而已，并不是他们念书的目的。他们花了许多金钱、时间和精力来读书，是为了进一步锻炼自己的头脑，因为这是对他们将来最扎实、最可靠的投资。每个星期抽一个晚上来读书，这样做会使你更积极、更年轻、更活泼；它也会使你各方面都跟得上时代；还会使你认识许多良师益友，他们都是跟你一样力争上游的青年才俊，对你是很好的激励者。

尽量从那些成功人物身上，挖掘使你自己也成功的线索，对于自己的将来好好投资吧。这样做，投入的甚少，而产出的甚多，这是你勤学好问应该做的事，是你创富成功的智力资源。

心法修炼

在知识方面的"自我投资"，是进取心的一个重要表现，它将会替你带来非常优厚的报酬，使你创富的素质大大提高。